U0190028

植物工厂

集成技术与综合效益研究

余锡寿　刘跃萍　编著

中国科学技术大学出版社

内 容 简 介

　　本书分为 12 章,全面介绍了我国植物工厂的设施、系统、生产模式、栽培技术、核心技术、基本原理、实际案例、发展状况、未来趋势等内容,提出了植物工厂发展过程中存在的问题及解决途径和办法,对我国植物工厂的发展思路和方向进行了深入的探讨和展望。

　　本书可供现代农业政策研究者、植物工厂设计者和建设者、农业科研院所及企业研究人员、高校相关专业的学生和教师及对植物工厂感兴趣的人士阅读借鉴。

图书在版编目(CIP)数据

植物工厂集成技术与综合效益研究/余锡寿,刘跃萍编著. —合肥:中国科学技术大学出版社,2020.8
ISBN 978-7-312-03932-4

Ⅰ.植⋯　Ⅱ.①余⋯ ②刘⋯　Ⅲ.农业技术—高技术—研究　Ⅳ.S-39

中国版本图书馆 CIP 数据核字(2016)第 172264 号

植物工厂集成技术与综合效益研究
ZHIWU GONGCHANG JICHENG JISHU YU ZONGHE XIAOYI YANJIU

出版	中国科学技术大学出版社
	安徽省合肥市金寨路 96 号,230026
	http://press.ustc.edu.cn
	https://zgkxjsdxcbs.tmall.com
印刷	安徽国文彩印有限公司
发行	中国科学技术大学出版社
经销	全国新华书店
开本	710 mm×1000 mm　1/16
印张	15.5
插页	3
字数	329 千
版次	2020 年 8 月第 1 版
印次	2020 年 8 月第 1 次印刷
定价	60.00 元

前　　言

我们是从田埂上走来的农业科技工作者,深知只有科技才能改变农村面貌,改变农民状况。十多年前,我们在一个偶然的机会中接触到植物工厂并开始投身于这个新兴技术产业。

植物工厂是未来十大技术之一,有巨大的社会效益和经济效益,是21世纪世界农业发展方向。"九五"期间科技部实施了高效化农业示范工程项目,将其列入国家重大产业工程项目;"十一五"期间,工厂化农业关键技术研究与示范被科技部列为国家重点科技攻关项目;设施园艺可控环境生产技术被列入国家"863"计划;智能植物工厂生产技术研究于2013年4月首次被科技部正式列入"十二五""863"计划。2016年6月,习近平总书记参观"十二五"科技创新成就展时,来到"智能LED植物工厂"展台了解智能LED植物工厂蔬菜种植情况,对我国科学家在农业高技术领域所取得成就表示高度肯定。

在生产力高度发达的今天,农业仍然是不可替代的基础产业、生命产业,是稳民心安天下的战略性产业。植物工厂作为农业生产系统,创造了农业的奇迹,是现代农业发展的高级阶段和发展水平的标志,是21世纪世界农业的发展方向。发展植物工厂技术,对于解决当前普遍存在的土地资源问题、三农问题、环境问题、食品安全问题和可持续发展问题等,具有极其重要的意义。

2011年10月,我们就计划并着手这本书的写作。由于工作时间紧张,我们只能利用每天晚上的时间认真学习植物工厂的理论,查阅大量资料,总结这几年从事植物工厂工作的实践经验。现在,这本具有我国特色和自主知识产权的植物工厂专业著作终于与广大读者见面了。

本书共分12章,具体包括植物工厂的产生与发展、植物工厂设施建设、植物工厂栽培技术、植物工厂栽培形式等。重点介绍了植物工厂的定义、特征、类型、形式、模式、装备、技术、效益和优势,以及智能控制等集成关键技术。我们希望本书为领导决策、教学科研提供参考,为技术普及、应用推广、农业发展、农民增收、生态环保等贡献绵薄之力。

　　本书的编写得到了中国农业科学院农业环境与可持续发展研究所、中国植物工厂首席专家杨其长老师,无锡市中科宇杰节能技术研究院郝泽忠院长和王娟总经理,宣城中华梅氏文化研究会常务副会长兼学术委员会主任梅铁山,中国管理科学研究院研究员袁炳富,丽水市农林科学研究院徐伟忠主任以及日本千叶大学古在丰树教授,中国台湾方炜教授在理论上的支持;也得到了中国科学技术大学沈显生、吴刚、薛美盛、秦琳琳、刘文等老师,中国科学院北京植物研究所方精云院士、白红彤老师、裴克全老师,合肥工业大学霍效忠教授、王纯贤教授、曹树青教授、潘见教授、周国祥教授,安徽农业大学袁艺教授,西北科技大学薛建宏教授的精心指导;同时还得到北京姚舜天、陈德英,无锡陈建清等老师,程中华、陶少林、余芳林、刘亚兰、陈亚玲、陶峰等朋友和家人的支持。本书的出版得益于中国科学技术大学出版社的大力支持。书中引用了大量文献资料、图片,恕不能将相关专家、学者一一列出。在此一并表示深深的谢意!

　　植物工厂是集成技术系统,是现代农业高新技术的集中体现,涉及多个领域和学科的知识与技术。由于我们的知识和认识水平有限,书中难免出现错误,希望能得到更多专家、学者、同行和读者的批评、指正,我们真诚希望这本书的出版,能对推动植物工厂在我国快速发展有所助益,以使我国植物工厂理论和技术体系更加完善。

余锡寿　刘跃萍

2019 年 10 月 18 日于合肥

目　录

第一章 植物工厂的产生与发展

在人类社会发展的历史长河中,农业先后经历了原始社会的自然农业、封建社会的传统农业以及近现代农业等不同的发展历史阶段。农业满足了人类生存和发展的需求,推动了人类社会发展。农业的发展过程就是生产工具不断革新,生产经验不断积累、生产技术不断提高、生产方式不断改变的过程。在这个过程中,传统的露天栽培、手工劳作、平面栽培形式延续了数千年。直到 18 世纪后期,人们才开始使用化肥促长、农药除虫、除草剂除草、机械化耕作和收获,这一切大大降低了劳动强度,降低了生产成本,提高了产量,同时也给人类带来了生存和发展的动力。

植物工厂的出现,使农业由露天栽培向设施栽培转变,使用化学农业技术向使用物理农业技术转变,平面栽培形式向立体栽培形式转变,体力型农业向休闲型农业转变,资源依赖型农业向科技依存型农业转变,人工管理向智能管理转变,低产量、低效益、低品质向高产量、高效益、高品质转变。植物工厂的出现,是农业生产上一次真正意义上的大跨越。

第一节 植物工厂概述

一、植物工厂的定义

不同时期不同国家对植物工厂有不同的看法,并有不同的定义。日本植物学会认为植物工厂是通过设施内高精度环境控制,实现农作物周年连续生产的系统,即利用计算机对植物生长的温度、湿度、光照、二氧化碳浓度以及营养液等环境条件进行自动控制,使设施内植物生长不受或很少受自然条件制约的省力型生产。植物工厂依托在设施园艺、建筑工程、环境控制、材料科学、生物技术、信息学和计算机(网络通信、人工智能、模拟与控制)等学科的基础上,是知识与技术集约型的农业生产方式[1]。

浙江省丽水市农林科学研究院农业智能化快繁中心徐伟忠主任认为植物工厂就是利用人工智能结合工厂化模式所进行的一种先进农业生产模式[2]。

植物工厂是现代设施农业发展的高级阶段,是一种高投入、高技术、精装备的生产体系。

无论哪种植物工厂的定义,都具有相同的主要特征。笔者认为植物工厂是指通过对农业生产进行知识、技术、资金高度密集性投入,采用多种技术集成,创建植物生长最佳环境,创新植物生产模式,来提高植物产量、品质、效益并保持可持续发展的农业生产系统[3]。

植物工厂的适用范围包括蔬菜、瓜果、花卉、香草、药材、苗木、粮食的繁殖、栽培和生产。

二、植物工厂的特征

植物工厂应具有以下特征:

1. 有固定的设施

植物工厂设施包括外部设施和内部设施两部分。植物工厂的生产离不开固定设施,露天型植物工厂也如此。外部设施通常是指塑膜温室、阳光板温室和玻璃温室等多种固定的设施。内部设施是指栽培、灌溉、网络、植保、智能控制等设施。露天型植物工厂虽然是在露天进行生产的,但还是需要植物栽培、智能管理、液循环等设施系统才能进行生产。

2. 进行智能化管理

植物工厂生产都是通过信息传感系统、计算机专家系统以及智慧物联网(这三者最少要具备其中一项或两项类似智能设备)等技术进行智能管理实现的。

3. 采用营养液灌溉技术

植物工厂采用基质栽培、水培、雾培(都是无土栽培),必须采用营养液灌溉,以实现水、肥同补或水、肥、气同补。

4. 产品产量大幅度提高

在植物工厂中,不论采用何种立体栽培形式,都会使种植面积扩大,而且栽培的指数也会增加,所以产量会得到大幅度提高,是平面栽培的数十倍甚至百倍。

5. 管理高度精准化

在植物工厂中,设施器材和装备的采购、制作都严格按照一定规格和技术参数进行,尤其在管理过程中,温度、湿度、酸碱度、光度、EC 值都必须控制在精确的阈值之内。

6. 植物工厂的使用原则

植物工厂体现了高效、节能、持续、科学利用的原则,营养液循环使用达到了资源节约和环境友好的要求。

7. 立体栽培

立体栽培是植物工厂的基本特征,包括平面多层、圆柱体和多面体以及其他立体栽培形式。

8. 现代物理农业技术

植物工厂在生产过程中,很少使用或根本不使用农药,用现代物理农业技术代替化学品的使用,所以产品质量也得到大幅度提高,绿色食品甚至有机食品是植物工厂的产品特征。

传统植物栽培和普通设施植物栽培与植物工厂的区别,主要看是否具有植物工厂的以上特点或根本特征。

三、植物工厂的分类

植物工厂可分为多种类型,主要从以下几个方面来划分:

1. 按规模划分

植物工厂规模在 100 m² 以下的,称作微型植物工厂或实验型植物工厂、家用植物工厂;规模在 100~300 m² 范围的称为小型植物工厂;规模在 300~1000 m² 范围的称为中型植物工厂;规模在 1000~10000 m² 范围的称为大型植物工厂;规模在 10000 m² 以上的称为超大型或特大型植物工厂。目前世界上超大型植物工厂只有两家:一家是美国米德兰都植物工厂——生物圈二号,面积为 18000 m²;另一家是中国南京江宁台湾农民创业园发展有限公司的智能植物工厂,面积为 12000 m²。

2. 按生产植物类别划分

可分为种苗植物工厂、商品菜植物工厂、芽苗菜植物工厂、果树植物工厂、水稻植物工厂、瓜类生产植物工厂、药材植物工厂、花卉植物工厂、香草植物工厂、饲草植物工厂等。

3. 按功能划分

有以研究植物体为主的植物工厂、以研究植物组织培养为主的组织培养植物工厂,还有以研究植物细胞为主的细胞培养植物工厂、以治疗疾病和健体为主的保健型植物工厂。

4. 按光利用划分

日本学者把植物工厂划分为 3 种类型太阳光(自然光)型、人工光型、太阳光和人工光并用型。我国学者把植物工厂划分为 2 种类型,即人工光型和太阳光型。

5. 按设施划分

可分为露天型、半封闭型和全封闭型。

四、植物工厂的模式

植物工厂之所以能够实现植物的高产量和高品质,被认为是 21 世纪农业发展的方向,其根本原因是植物工厂创造了一种崭新的现代农业生产模式,即植物工厂生产"环境设施化、形式立体化、资源节能化、过程数字化、技术集成化、管理智能化"[4]。模式创新是植物工厂的根本特征,是植物工厂的本质体现,是植物工厂的核心竞争力。

第二节　植物工厂产生的历史背景

在物质文明和精神文明高度发达的今天,人类共同面临的问题已引起越来越多的人关注:可耕地面积大量减少,人口不断增加,自然灾害频发,污染日益严重,温室气体排放增多,资源日益贫乏,化学品大量使用……

一、可耕地面积大量减少

由于气候影响和人类活动不当,大量土地出现了沙化和荒漠化。自 20 世纪 50 年代起,沙化面积超过 1×10^5 km^2,相当于一个江苏省的面积。5 万多个村庄受土地沙化影响,成千上万的牧民成为生态难民[5]。

数据显示:全世界有超过 110 个国家已经或可能出现沙化现象。非洲面积可达 7×10^8 hm^2,亚洲可达 1.4×10^9 hm^2,北美可达 8×10^9 hm^2。《联合国防治荒漠化公约》秘书处执行秘书吕克·尼亚卡贾于 2011 年 12 月称:全球每年有 1200 万 hm^2 耕地因沙化而无法耕种[6]。

大规模工业化、城市化吞没了大量土地,使我国可耕地面积进一步减少,保留 1.2×10^8 hm^2 可耕地的红线面临巨大压力[7]。2006~2010 年,全国土地出让收入达 7 万亿元,仅 2010 年全国房地产土地供应量就达到了 184479 hm^2,而实际供应量为 428200 hm^2。随着国民经济的快速发展,耕地被占用量呈高位态势。土地与发展的难题如何破解?

在可耕土地不断减少的情况下,人口却不断增长,导致人均土地占有量相应减少。1949 年我国人口为 5.4167 亿人,1968 年我国人口为 8.671 亿人,2010 年 11

月 1 日零时进行的我国第六次人口普查结果显示,我国总人口为 1370536875
人[8]。预计 2033 年将达到 15 亿人。

联合国人口基金会公布的系统数据显示:1804 年全世界人口为 10 亿人,1999
年 10 月 12 日达到 60 亿人,2011 年 10 月 31 日达到 70 亿人,预计 2100 年全世界
人口将达到 100 亿人。人口发展的警钟已经敲响!

二、农药对生态的危害

从 20 世纪 70 年代起,化肥、农药和除草剂被广泛运用于农业,这对产量的提
高、病虫害的防治起到了重要作用。20 世纪后半叶,中国用占世界总量 7% 的耕地
生产了占世界总量 24% 的粮食,养活了世界上 22% 的人口[9]。据有关部门调查,
1998 年我国化肥施用量为 3827 万吨,2010 年,化肥施用量为 5561 万吨,化肥施用
量增长了 45.3%;我国可耕地面积占世界的 1/7,而化肥施用量占世界的 1/3;1978
～2008 年,我国化肥施用量增长了近 600%,化肥对粮食贡献率达到 40%～50%。
由于过量施用化肥,我国化肥污染物每年达到 1000 万吨,不但增加农业成本,而且
污染环境,成为水体富营养化的重要源头,既得不偿失,又难以为继,化肥施用带来
了极大危害。并且亚硝酸盐、重金属等有毒物质进入食物链,危及人类健康。

农药对生态的危害性更应引起人们的关注。截至 2010 年,我国药企已有 1800
多家,农药的年产量为 342 万吨,销售金额为 1576 亿元[10],已成为世界农药生产第
一大国;我国近 20 年农药年施用量达百万吨[11],我国农药年施用量是世界平均水
平的 2.5～5 倍,其中 1% 作用于目标病虫,99% 则进入了生态系统[12]。这些化学
品中含有有机砷、有机汞、有机磷、有机氯、氨基甲酸酯、甲胺磷、刘硫磷等有毒成
分,降解过程缓慢甚至无法降解,一部分存在于植物体内影响人类的健康,另一部
分则残留并累积在土壤中,使土地贫瘠、板硬、矿化,大大提高了耕作成本,有的土
地甚至永远不能耕种。这种在农业中使用的化学品,造成的污染不可估量。中国
工程院院士罗锡文于 2011 年 10 月 10 日在广东科协论坛第 45 期专题报告会上表
示:占全国土地总量 1/6 的 $2×10^7$ hm² 耕地正在受到重金属污染的威胁,而且食
品污染事件不断发生,愈演愈烈。不断的污染使天不蓝了、山不绿了、水不清了、气
不纯了,人类的生存、生活和发展受到严重威胁!

大自然的报复发出警示:人类不能再沿袭传统的攫取和依赖不可再生资源的
经济增长方式,人类需要寻求更加集约、更可持续、更符合自然和社会伦理的生产
和生活方式[13]。根本出路在哪里?

三、农业发展离不开科学技术

长期以来,我国农业生产力水平落后于西方发达国家。经济学家用农业增加值比例、农业劳动率比例和劳动生产率比例 3 项指标进行计算,以 2008 年为例,我国农业世界排名第 91 位,比美国落后 108 年,比德国落后 86 年,比法国落后 64 年,比韩国落后 60 年,比日本落后 36 年[13]。我国经济学家吴敬琏指出:效率太低是中国经济社会的结构性问题,只有效率得到提高,劳动者的收入和消费才能够较快增长,中国的发展才能进入良性循环的轨道。现阶段我国农业人员管理的面积仅相当于西欧的 1/50、美国的 1/300,主要原因是我国的传统农业占据主导地位,现代化农业发展水平不高。高投入、高耗能、低产出,再加上自然灾害频发,农业劳动成本不断上升,农民收入不断下降。我国工业化、城市化的建设方向,更使农业三要素(土地、资金、劳动力)大量流出,导致大量从事农业的劳动力到城里打工,造成了农村房屋空巢化、农村企业空心化、农村土地荒漠化[14]。留守的老人不能种田,"80 后"不愿种田,"90 后"不会种田。人们思考着:将来谁来种田?

联合国粮食及农业组织和经济合作与发展组织报告称:未来 40 年全球农业需增产 60%,才能满足日益增长的粮食需求。

农业是生命产业、基础产业,是人类生存和发展的第一产业,虽然农业在整个国民经济中的贡献率有所下降,但仍然是不可代替的,在有限而且逐渐减少的农业资源条件下,如何创造出更多、更安全的农产品? 这个问题值得我们为之畅想,为之耕耘,为之奋斗!

植物能否离开土壤,离开农药、化肥、除草剂生长? 植物能否在沙漠、戈壁、海岛、水面、室内生长? 植物能否进行高产量、高效益、高品质而且可持续的生产? 人们在思考,在探索! 农业的根本出路和方向在哪里? 中国的国情决定了我们不可能像土地资源丰富的国家一样,用一些传统的方法来满足我们的需要,必须通过现代的高新技术来支撑我们的农业发展。农业技术需求日益突出,比任何时候都迫切。"在推进人类生产方式、生活方式和发展方式转变的进程中,人们对科技创新突破和科技革命有着急迫的期待。"[15]在这样的社会大背景下,数字植物工厂正向我们走来![16]

第三节　植物工厂的产生

植物工厂的产生经过了一个漫长的过程,在这个过程当中倾注了很多人的心血和汗水!

1839 年,被称为"肥料工业之父"的德国著名化学家李比希开始了他从事 30 年的化学研究,包括生物化学、无机化学和农业化学。他用实验方法证明:植物生长需要磷酸盐、硝酸盐、氨以及钠、钾、铁等物质,这些物质需按一定比例进行使用,而人和动物的排泄物只有通过其他方式转化为磷酸盐、硝酸盐和氨等物质,才能被植物吸收;这从根本上解决了农业新肥料问题,从而奠定了近代化学农业的基础。他大力提倡用无机肥来提高农业产量,其创立的"矿物质营养学说"为营养液栽培技术的应用和推广奠定了理论基础,为植物工厂的发展奠定了极其重要的基础,为现代农业的产生做出了卓越的贡献。

20 世纪 40 年代,一位德国科学家从热带、亚热带地区榕树的根离开土壤生长中得到启发。为了验证植物根的活性,他把植物裸露的根放在一个封闭的实验室内,用一定温度的雾状水来培养植物,实验结果证明:植物根系呈爆炸式增长,洁白而充满活性,植物生长得很快。这为植物工厂雾培技术的诞生做出了极其成功的尝试,是雾培技术产生的重要实验基础。

1949 年,美国植物学家和园艺学家在加州的帕萨迪纳建立第一座人工气候室,它就是植物工厂的早期模型,为植物工厂的完善和发展做了成功的探索和实践,并引发了模拟生态环境的一场风暴。随后,日本和苏联也先后建立了这种人工气候室。

在人工气候室的基础上,从某种意义上说,1957 年,丹麦哥本哈根市郊的约克里斯顿农场是世界上第一座真正意义上的植物工厂,因为它已经具有植物工厂的某些特征:① 规模:1000 m^2,属于大型植物工厂;② 类型:为太阳光和人工光并用型;③ 科技水平:从播种到收获采用全自动传送带流水作业;④ 产量:年产 400 万袋(1000 t)水芹。20 世纪 70 年代,美国、加拿大、瑞典以及挪威等国相继建起了植物工厂,主要生产叶用莴苣。

第四节　植物工厂发展的三个阶段

从丹麦建立起第一个植物工厂到现在,世界上已建起数百家植物工厂,在这个发展过程中,我们按照植物工厂的诞生、成长和发展划分为3个不同的发展阶段。

一、实验研究阶段(20世纪40年代至60年代末期)

这一阶段的特点主要表现在以下几个方面:

(1) 建设规模小,除个别规模较大之外,大多为几十平方米至几百平方米,主要供实验研究之用。

(2) 范围狭窄,主要局限于实验室内,并没有实际意义上的生产。

(3) 实验作物品种较少,以芹菜和莴苣为主,栽培形式多以平面水培、基质培为主。

(4) 植物工厂多采用人工光利用型,利用人工气候室进行控制,计算机智能控制尚未出现。

丹麦约克里斯顿农场和奥地利卢斯那公司的植物工厂是这一阶段的主要典范,其成本较高。

二、示范应用阶段(20世纪70年代至80年代中期)

1973年,英国温室作物所Cooper教授提出了营养液膜法(Nutrient Film Technique,简称NFT)水耕栽培模式,这种模式可以把原来的营养液平面栽培变为平面多层的立体栽培,简化设备结构,降低成本,很快得到广泛利用。植物工厂规模不断扩大,数量不断增多,栽培植物品种范围也不断拓展。如苏联开始发展大型温室联合企业,美国建起果树植物工厂,维也纳技术大学建起钢架结构的植物工厂。在这一时期,世界上许多国家都建起了植物工厂,如美国、日本、英国、奥地利、挪威、希腊、伊朗、利比亚等国。这一阶段的重要特点是:荷兰的飞利浦,美国的通用电气,日本的日立、丰田、三菱重工等一些著名的跨国公司纷纷投巨资与科研机构联手进行植物工厂关键技术和配套产品的开发,为植物工厂的发展奠定了坚实的经济基础。

这一阶段植物工厂的发展具有以下特点：

（1）应用范围较广。由原来单一的蔬菜品种扩大到瓜果、药材、牧草等多品种、多类型。

（2）营养液配方技术日臻成熟。如荷兰研究所的滴灌配方，日本的园试配方、甜瓜配方、黄瓜配方，中国山东农业大学的西瓜、番茄和辣椒配方等。配方更加科学、细化，不同品种、不同生长期、不同环境使用的营养液的成分和浓度各不相同。

（3）开发力度加大，示范效果明显。

三、快速发展阶段(20 世纪 80 年代中期至今)

这一阶段植物工厂的发展具有以下特点：

（1）规模扩大。植物工厂的建设规模由原来的几十平方米、几百平方米发展到几千平方米甚至上万平方米。

（2）发展速度加快。日本从 1974 年开始利用水耕作法，先后建起数十家植物工厂，并成立了较多的水耕学会，会员达到 1200 多个。为促进植物工厂发展，他们每年召开一次国际学术会议，开展学术研究和推广普及活动。

较为典型的有：

瑞典的艾伯森公司建起太阳光和人工光并用型植物工厂，规模为 6100 m^2。

加拿大在冈本农园建起植物工厂，为寒冷地区植物工厂的建立树立了典范。

美国在米德兰都农场建起面积 18000 m^2 的世界上最大的植物工厂，生产品种出现多样化。

荷兰是第一个把计算机用于植物工厂智能控制的国家，把生物技术、信息技术、传感技术、植物计算机专家技术等多种技术应用到植物工厂之中，科技含量居于世界前列。

国外植物工厂的代表性企业如表 1.1 所示。

表 1.1　国外植物工厂不同发展阶段及代表性企业

典型企业	年代	规模	类型	作物	形式	特征
丹麦约克里斯顿农场	1957	1000 m^2	太阳光和人工光并用型	水芹、莴苣	水培	移动栽培
奥地利卢斯那公司	1963	216 m^2	人工光利用型	莴苣	水培	立体回转移动栽培

典型企业	年代	规模	类型	作物	形式	特征
美国爱德库都利库公司	1973	400 m²	人工光利用型	番茄、黄瓜	NFT式水培	平面式
美国波里达卡农场	1980	3000 m²	太阳光利用型	莴苣	NFT式水培	立体多层自动播种收割
日本三菱重工九州电力	1985	100 m²	人工光利用型	莴苣	水培	智能控制使用机器人
日立公司中央研究所	1985	660 m²	人工光利用型	莴苣	水培	平面栽培
瑞典艾伯森农场	20世纪80年代中期	6100 m²	人工光和太阳光并用型	莴苣	基质栽培	移动调节
美国米德兰都公司	20世纪80年代中期	18000 m²	太阳光利用型	莴苣	水培	流水作业
日本电力中央研究所	1986	420 m²	人工光和太阳光并用型	菠菜、莴苣、草莓	水培	双层式夜间补光
日本TS农场	1992	1400 m²	人工光利用型	莴苣	气雾耕	封闭式循环供液
日本神内农场	2001	3000 m²	人工光和太阳光并用型	莴苣、青菜	M式水培	移动平面多层机器人收割

第二章 植物工厂设施建设

在植物工厂的建设前期,必须做好选址工作以及"五通"。

(1)选址。无论把植物工厂建立在沙漠、荒岛还是水上,工厂选址的方向都一定要选择南北向(或东西向),即坐北朝南、背风向阳,这对植物工厂应对不可控的自然因素影响非常重要,并且对工厂内降低温控成本、促进植物生长都将起到积极作用。

(2)五通。五通即路通、水通、电通、空气流通、信息数据线通。路通便于运输器材和产品;水是植物生长之所需;电是植物工厂动力系统的能量源泉,没有电,植物工厂即使建起来,一切也都将无法操作;空气流通是植物生长的需要;信息数据线路是植物工厂中信息传感、计算机、物联网技术所必要的。

另外,植物工厂从设施设计上讲,可分为露天型、全封闭型(闭锁式)和半封闭型3种类型,下面我们将分类介绍。

第一节 露天型植物工厂

露天型植物工厂是指在露天进行生产的采用植物工厂多种栽培技术、立体栽培设施形式、集成技术系统的植物生产系统。这是一个崭新的概念,是植物工厂生产模式的延伸。露天型植物工厂主要适用于抗虫、抗菌、抗病害能力较强的蔬菜、花卉、香草、药材、苗木等植物品种;露天型植物工厂应建在全年气温最高不超过38 ℃、最低不低于−5 ℃的地区。露天型植物工厂的栽培形式多种多样,最主要的有普通型和特殊型的生存艺术栽培。按栽培植物种类,普通型露天植物工厂可分为蔬菜、花卉、香草和饲草植物工厂。

安徽省宣城市赐寿植物工厂有限公司是一家专业从事智能植物工厂研究、生产的实体型企业,率先提出露天型植物工厂的新概念,并付诸实践,各项技术配套成熟。目前露天型植物工厂已处于示范推广阶段。

一、露天型蔬菜植物工厂

露天型蔬菜植物工厂在蔬菜品种选择上,要根据蔬菜植物的特性进行选择,选用那些夏天耐高温的喜阳性而且抗虫、抗菌、抗病害能力强的蔬菜品种,也可以根据季节不同进行品种更换,但基本上不能生产反季节蔬菜。另外,露天型蔬菜植物工厂可以根据季节来选择品种。早春可选择叶类蔬菜品种,如四季青、上海青、五月蔓油菜、油麦菜、菠菜、生菜、芫荽、空心菜、青梗菜、矮脚青、黄心菜、苋菜等,因为这个季节虫害较少。夏季可以选择奶油生菜、紫生菜、香芹菜、茼蒿、芥蓝、汤菜等,因为夏季是虫、菌、病害的高发期,而这些菜具有抗高温、抗虫、抗菌、抗病的能力。秋季也可以栽春季种的蔬菜。冬季可以栽培耐低温的蔬菜,大部分春季能种的菜均可,因为极少有虫、菌、病害。还有一些蔬菜,如茼蒿、香芹、紫背天葵、水芹菜、山苦菜、无限型黄瓜、番茄、木耳菜、空心菜、汤菜、韭菜和一切芳香蔬菜、芳香植物等在3个季节甚至全年都可以栽培。图2.1为露天型植物工厂中的芥蓝。

图2.1　露天型植物工厂中的芥蓝

二、露天型花卉植物工厂

目前,国外花卉植物工厂大都是移动式平面栽培,鲜见有立体智能栽培的,而我国花卉智能立体栽培技术已配套成熟。

露天型花卉植物工厂(图2.2)花卉立体栽培技术采用了植物工厂雾培技术、

圆柱形立体栽培形式。最重要的是单一柱体或群体都可进行生产。单一柱体可分为上、下两个部分，上半部分是栽培装置，下半部分是底座。上半部分由圆柱体栽培装置、供液管和弥雾系统组成，下半部分由支架、营养池、动力泵和微电脑自控装备共同组成。上、下两部分通过供水管和动力泵连成整体。花卉等植物通过海绵块植入圆柱体定植管内。

图 2.2　露天型花卉植物工厂

这种栽培装置的工作原理和工艺流程如下：通过微电脑控制启动动力泵，把底座架内的营养液通过供液管直接输送至栽培柱，再通过弥雾系统使植物根部处于弥雾中，多余的雾液又通过回水孔回流到座架的营养液中。这样通过营养液水、肥循环利用，使水肥的利用率达到最高，还真正做到了零污染、零排放，使花卉植物在接受水、肥营养的同时，还可以最大限度地吸收氧气，真正实现水、肥、气同补，促进植物快速生长，提高植物的产量。整个生产过程都是通过微型电脑实行智能控制管理的。

露天型花卉植物工厂主要适用于草本花卉的生产，可根据不同季节选择不同品种。春季花卉品种较多，几乎所有草本花卉都可以栽培。夏、秋季可栽的花卉品种也非常多，如矮牵牛、孔雀草、波斯菊、三色堇、万寿菊、石竹、长寿花、四季海棠、碰碰香、含羞草等。冬季可栽培的要少些，如三色堇、果香菊、锦杉菊等。

露天型花卉植物工厂主要用于景观设施建设，每一立体栽培设施可以采用单一颜色花卉,也可以进行混色栽培或按照一定的图案进行栽培,立体感特强、视觉冲击力大、使人震撼,给人以强烈的艺术感受,因而备受推崇。

三、露天型香草植物工厂

香草是指不断散发出芳香气味并能够提取精油的芳香草本或小木本植物。香草具有多年生、四季青、天天香、多功能特点。全株具有芳香怡人的气味。香草是一个庞大的家族,有数千个品种,已开发的有几百个品种,常用的品种包括洋甘菊、迷迭香、百里香、罗勒、薰衣草、香蜂花、猫薄荷、香茅、牛至等 50 多个品种。大多数的香草品种含有酚、萜、烯、醇等成分和维生素、铁等人体所需的营养元素,具有营养、芳香、调味、保健、环保等多种功能,广泛用于食品、化妆品、药品、保健品、装饰品、日用品等多个方面。

香草产业链很长,包括制种、繁殖、栽培、加工(初加工、精加工、高附加值加工)、研发、经贸多个环节,是一项多学科交叉、多产业融合的完整的系统产业。

从日常使用的调味料、液体黄金精油、芳香用品到使用数十年还散发香味的芳香邮票、芳香闹钟、芳香电影、芳香汽车、芳香电脑、芳香网络等,香草能开发出数十万种产品。香草是一种可持续生产的资源。

如何满足市场的巨大需求? 香草植物工厂是解决香草原料生产的最佳途径。香草植物工厂生产的工艺流程如下:

制作香草立体栽培设施(图 2.3)—建设营养液供给系统—定植香草苗—智能管理—收获(多次)。

香草生长适应的温度范围是－5～38 ℃,香草植物工厂生产可一次定植、多次收获。年产量是传统地面栽培的 10 倍甚至几十倍,年产量达到 900～2250 t/hm² 或以上。露天型香草植物工厂生产无需喷药、除草、人工管理,真正体现植物工厂高产量、高品质、高效益和可持续生产的特点,真正达到生态、低碳、零污染、零排放的目标要求。

露天型香草植物工厂使人真正体会到空气 SPA 的无穷魅力,是体验自然疗法、环境疗法、精神疗法、芳香疗法的好去处,是可以放松心情的地方。

这种露天型香草植物工厂可单柱进行生产,也可以群体性规模化地进行森林式生产;可以适用于所有芳香蔬菜、芳香花卉、各种香草和大部分药材的生产,也可以广泛地用于家庭、机关和一切公共场所;既适用于屋顶、阳台、庭院、道旁、室内外一切绿化、彩化、美化、香化工程,又适用于现代农业生产基地、家庭农场、空中农业、绿岛农业、都市农业、园艺农业、生态观光园等生产、旅游、观光项目以及家庭、机关、学校的自生产和美化。

图 2.3　露天型香草植物工厂——香草立体栽培柱

四、露天型饲草植物工厂

　　肉类食品是人们的主要食品之一，是人体的主要营养来源。我国人口众多，人畜争粮、肉食品生产与需求、肉价不断增长等问题突出，利用植物工厂技术种植饲草、牧草发展草食性肉食动物，是解决这一问题的极佳选择。

　　我国城镇居民食品消费经历了一个从生存型到数量型再到质量型的过程，食品消费的数量和质量大大提高，居民营养水平逐步得到满足。然而随着人们生活水平日益提高，城镇居民食物消费正在偏离以谷物为主的饮食模式，谷物消费量迅速减少，肉类食品尤其是草食性动物肉类消费量大大增加。近年来我国牛羊肉消费量逐年上升，2017 年，我国牛肉消费量已达 794 万吨，我国羊肉消费量已达 494万吨[17]，牛羊肉消费量已超过猪肉。如何生产大量的牛羊肉以满足国内市场需求？这是必须解决的民生问题、社会问题、食品安全问题。

(一) 饲草植物工厂产生的背景

1. 国际肉类生产的概况

发展肉类生产,首先要解决饲料问题。国际上肉类生产大国(主要是粮食生产大国)所养殖动物的数量远没有发展中国家多,但产肉量却占全球 76%,原因是其走富养之路,用饲料舍养,动物长得快、出肉率高、肉质好;发展中国家受条件限制走穷养之路,致使牲畜养殖周期长、生长慢、出肉率低、肉质差、收益率低。

2. 我国肉类生产的发展之路

我国人口多,肉类尤其牛羊类肉需求量大,如果走牲畜富养之路,由于我国玉米主要依赖进口,人畜争粮问题将更加严重,牛羊肉价格将上涨更快。近年来我国饲料价格不断攀升,特别是玉米、豆粕的价格涨幅较大,导致牛的饲养成本上升,农户养牛的收益下降,养牛积极性受到较大打击,全国各地均不同程度地出现了"牛荒"。多年来我国肉牛、肉羊产业一直发展缓慢,肉牛、肉羊存栏量不断下降,产量逐年下滑,造成供给严重不足[17]。如果走牲畜穷养之路,牧草资源更显贫乏、草原生态环境破坏更加严重、牧民收入更少。我国牛羊养殖产业的发展,关键在于依靠科技进步,用高新技术解决牛羊饲料问题,改造传统牛羊养殖产业,提高产品质量和效益,推动牛羊养殖产业化的发展。在这样的情况下,饲草植物工厂的出现已成为必然。

(二) 饲草植物工厂的产生

1. 饲草植物工厂的定义

利用植物工厂集成技术栽培饲草的植物生产系统叫作饲草植物工厂。植物工厂集成技术是由植物工厂立体栽培设施制作技术、营养液配方技术、无土栽培(基质栽培、营养液培、潮汐培、雾培等)技术、补光技术、温控技术、物理农业植保技术、信息传感技术和计算机植物专家技术等多种技术构成的完整体系。饲草植物工厂是饲草生产的系统。

2. 饲草植物工厂产生的意义

利用植物工厂技术栽培饲草,能够生产出比传统方式栽培高出几十倍的饲草产量。江苏扬州马格斯科技有限公司根据植物工厂原理,开发出一种集装箱式饲草植物工厂,1 m² 每年可生产饲草 1 t[18],创造了饲草生产的奇迹。利用植物工厂生产饲草可节约土地、水等资源;生产的饲草根、茎、叶都可作为饲料,产品的利用率达到 100%;动物的抗病性和免疫力得到增强;利用牛羊畜粪生产饲草,再利用饲草饲喂牛羊,形成生物系统的良性循环使用模式;饲草生长快速,可保障供应、稳定饲源;可以使牛羊即使在冬天也能吃到嫩草,产肉率高、肉质好,还可以缓解人畜争粮、稳定肉价、环保生态和增加养殖户收入等社会问题。

（三）植物工厂饲草栽培技术

1. 基质栽培

基质栽培是植物工厂最简单、最常用的栽培技术，是把植物栽培在经过配方的基质中生长的技术。在植物工厂中，栽培饲草要根据饲草的品种选择不同的栽培形式和技术；多年生、产量高、根系多、植株高、分蘖多的品种最适合基质平面栽培。基质栽培饲草，首先要在植物工厂中建设 1.2 m 宽、40 cm 深的栽培池，在池中填满基质（珍珠岩和泥炭土或牛羊发酵肥，按 4∶6 配比），然后在池中栽培饲草。

2. 潮汐培

在栽培池中平铺 2～3 cm 的海绵，通过供液系统向池中注液（以把海绵湿透为宜），把池液回流到营养液池中，然后在海绵上播上饲草种子，种子通过海绵吸收营养、水分和空气，供种子萌芽、生根、生长之需。供液系统在工作时，营养液像潮汐一样流经栽培池，适时补充海绵体中的水和肥，使饲草在水、肥、气不断同补的情况下快速生长。

3. 平面多层营养液立体水培

这种栽培形式适用于植株矮小的饲草和芽苗饲草栽培，这种平面多层饲草立体栽培设施的每一层都是由栽培池组成的，池中注入营养液，其中放置栽培盘，把饲草种子均匀地播在漂浮的栽培盘中，饲草根在营养液中能最大限度地吸收水分和营养，根系无任何障碍地生长（图 2.4）。所以饲草才能获得更高的产量和更多的效益。

植物工厂饲草栽培形式和栽培技术呈多样化，除以上栽培技术外，还有更为先进的雾培等多种技术，要根据饲草的种类和特征以及成本和效益来选择植物工厂栽培技术。

（四）植物工厂饲草栽培品种的选择

饲草的品种通常有苏丹草、黑麦草、墨西哥玉米、高丹草、竹皇草、鲁梅克斯、羊草、俄罗斯饲料菜、苜蓿、菊苣等，这些饲草都有各自不同的优势和特点。它们在生长年限、植株高低、产量大小、营养高低、适合何种草食性动物、口感等方面有所不同，要根据客观情况具体确定。就营养含量而言，禾本科饲草干物质蛋白质含量在 12% 以上，豆科饲草蛋白质含量在 25% 以上，叶类饲草蛋白质含量在 30% 以上，俄罗斯饲料菜、鲁梅克斯、苜蓿等饲草干物质蛋白质含量都在 30%～32%。总之，根据需要科学选择最佳品种和植物工厂饲草最适宜的栽培技术，以发挥最大效率。

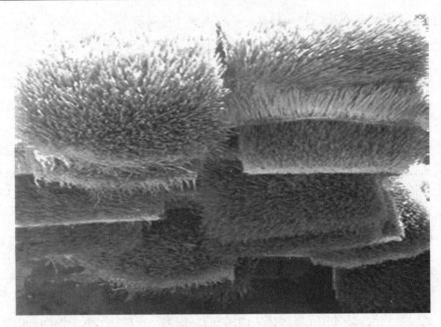

图 2.4　饲草植物工厂中营养液栽培饲草

(五) 植物工厂饲草栽培技术展望

1. 当前我国牛羊养殖业状况

我国是牛羊肉生产的大国,羊肉产量居世界第一位;牛肉产量仅次于美国和巴西,居世界第三位。从国内生产情况看,我国牛羊生产水平不断提高,牛羊肉产量保持稳定增长,优势产区逐渐形成[19]。2018 年我国的牛存栏量达 1.08 亿头,牛肉产量达 729 万吨;羊存栏量近 3 亿头,羊肉产量达 475 万吨。但随着人们生活水平的提高,对牛羊肉消费需求逐渐增长,生产和消费缺口逐渐扩大。

2. 我国牛羊肉消费发展趋势

《全国牛羊肉生产发展规划(2013~2020 年)》提出,到 2015 年,全国牛羊肉产量达 1162 万吨。随着国家强农、惠农力度持续加大,畜牧业发展的政策环境将进一步优化。我国牛羊的出栏量亦得到增长,牛羊肉市场供给进一步扩大。随着城乡居民收入的增加和消费观念的转变,百姓的饮食需求会更加多元化。我们预计,牛羊肉市场需求仍将稳定增长,2018 年,我国牛羊肉消费量接近 1265 万吨,牛、羊等草食性动物的养殖业发展空间巨大。利用植物工厂技术栽培饲草是最佳途径之一,前景广阔。

3. 饲草植物工厂的未来发展

庞大的市场需求,催生着一个饲草植物工厂的巨大产业。未来饲草植物工厂将进入千万家养殖户,遍及大江南北;未来饲草植物工厂将采用多种栽培技术种植饲草,呈现饲草栽培技术多样化;未来饲草植物工厂将呈现规模化、大型化、技术尖端化、管理智能化、经营产业化趋势,为我国牛羊养殖产业可持续发展提供技术支撑。

第二节　全封闭型植物工厂

全封闭型植物工厂,是指在基本与外界环境隔绝的设施或人为模拟环境中进行高产量、高品质、高效益且可持续的植物生产的系统。它是以人工光利用为主要特征的植物工厂。

一、发展封闭型植物工厂的必要性

(1) 近几年来,由于出现农民收入相对较低、农业劳动力老年化等现象,化肥和农药超量使用已成为农业增产、农民增收的主要措施,从而导致我国大部分土地 pH 值平均值下降到 5.44 左右,酸化现象极为严重,土壤矿化,续耕能力正在下降。

(2) 研究数据表明:我国绝大部分土地的有机质含量已经下降到 1% 以下,大大低于国际上的最低水准 2.4%。

(3) 近些年,我国大力推广地膜使用技术,导致每年产生大量 20 年都难以分解的塑料薄膜残留在土壤中,而且现在每年还有 50 万吨农膜继续增加对农业的白色污染。

(4) 我国大量无序开采各类矿产(包括金属矿产),各类越来越毒的农药、除草剂相继开发使用,风沙自然灾害的影响,雾霾范围不断扩大等多种因素导致食品安全已成为人们最为关注的问题。

(5) 大规模的城市化建设和房地产业的无序发展以及经济进入新常态,导致大量厂房、地下室和房屋的空置。如何减少浪费、盘活固定资产、提高资源利用率是当务之急,在这样的背景下封闭型植物工厂(图 2.5)应运而生。

图 2.5　全封闭型植物工厂地下室生产水稻

二、封闭型植物工厂的发展现状

（一）封闭型植物工厂建设的意义

封闭型植物工厂可以利用闲置的箱式设施、房屋、工厂、地下室等场所进行生产，不占用农田，能够减少气候变化对植物生长造成的影响，有效杜绝病虫危害，减少对土地、水和环境的污染。为生产安全食品，人们创新了植物工厂的植物生产系统。

（二）日本人工光封闭型植物工厂的发展现状

在 1995 年以前，日本就建起 6 家人工光封闭型植物工厂，占日本植物工厂总数的 38%。2007 年京都府兔岗市建起 2868 m^2 的人工光利用型植物工厂，实际栽培面积 2520 m^2，实现年销售额 7 亿日元；2008 年福井县美滨町使用闲置厂房 2870 m^2，实际利用 700 m^2，建设人工光利用型植物工厂，年复种指数 20 次，销售收入达 3 亿日元。三菱集团所属三菱化学公司于 2010 年 1 月开始销售长 12.2 m×宽 2.4 m×高 2.9 m 集装箱改装的植物工厂设施，第一台为卡塔尔订货，价格为 5000 万日元/台，目前每年销售 10 台左右。该设施每日可收获 50 柱莴苣和小松菜等叶类蔬菜。现在，人工光封闭型植物工厂已超过 100 多家。近年来，日本市场出现销售家用冰箱式人工光封闭型植物工厂。小至家用冰箱体积一般的屋内菜园，长 1490 mm、宽 650 mm、高 1470 mm，已经被一些餐饮企业订购使用。不仅如此，日本封闭式 LED 植物工厂已进驻新加坡、俄罗斯、中国等国市场。

（三）我国人工光封闭型植物工厂发展现状

我国第一套人工光封闭型植物工厂于 2009 年在长春农博会上展出，随后在 2010 年的上海世博会又展出了第二套；中环易达于 2010 年又推出了家庭版人工光封闭型植物工厂。标志着我国人工光封闭型植物工厂技术已配套成熟。

（四）应用范围越来越广

由于植物工厂技术不断完善和提高，微型、迷你型植物工厂已应用于人们生活的各种环境，如光仙子餐厅、咖啡馆、酒店植物工厂、办公室、居室、厨房植物工厂等，实现了蔬菜从生产到舌尖零距离。微型植物工厂已无处不在。

三、封闭式植物工厂设施分类

（一）厂房和地下室植物工厂

在房地产业高速发展的今天，很多地方都出现闲置的厂房、停车场和地下室等，如何把这些闲置的资源利用起来，并创造更高的价值？植物工厂是最佳的选择。把这些闲置的资源改造成封闭型植物工厂，进行高产量、高品质、高效益植物生产，既盘活了闲置资源又降低了成本，并且创造出很高的价值，一举多得。

（二）集装箱植物工厂

我国每年都有大量集装箱淘汰弃用，把这些废旧的集装箱改造成人工光封闭型植物工厂，也是提高资源利用率的新举措。集装箱有各种不同规格，长度一般为 5~12 m，高和宽相差无几，一般都在 2~3 m。利用废旧集装箱建立人工光封闭型植物工厂，具有密封性好，安全度高，景观性、整体性、结构性好，温度便于控制，移动方便，使用期长，环境适应性强等特点。单箱可以成为独立的植物工厂，多箱也可以组成大型植物工厂，多箱叠加还可以形成高楼式植物工厂。

(三) 泡沫板房植物工厂

用泡沫夹心板为材料建设人工光型植物工厂,具有材质轻、成本低、工期短、密封性好等优点。还能做到大小、高低任意选择,便于内部设施建设规划,广泛受到植物工厂建设者青睐。

(四) 充气膜式植物工厂

充气膜是一种在以高分子材料,即在高强度碳纤维和气凝胶制成的薄膜制品中,充入空气而形成的全封闭性结构空间。在这样的结构空间中建设的高层次立体植物栽培系统,就叫作充气膜封闭型植物工厂。这种充气膜是膜轻型空间结构的重要分支。具有丰富多彩的造型,可建占地面积 20 万平方米以上、高度可达 40 m 以上的巨型充气膜温室,具有优异的建筑特性、结构特性和适宜的经济性。充气膜结构是一个相对密闭的空间结构,有别于传统的空间结构,它通过风机向结构内部鼓风送气,使膜结构内外保持一定的压力差,以保证膜结构体系的刚度,维持所设计形状。

充气屋是设计成房屋形状的充气膜装置。这种充气屋的材料就是高强度碳纤维、气凝胶膜和空气。充气屋的外面以太阳能为能源,内部是信息智能化和植物工厂系统设施,中间是空气。这样的充气屋封闭型植物工厂具有成本低、密封性强、整体性好、使用方便等优点。

(五) 太空气密膜植物工厂

多年来,苏联在"礼炮"号和"和平"号空间站,多次进行了植物栽培和粮食作物生产的长期实验,在"和平"号空间站上已经培育上百种植物,还成功地种植小麦等粮食作物。从培植小球藻等藻类到种植各种花卉、蔬菜和粮食作物,让这些植物在太空中经历了从播种到收获的全过程,这些实验已取得突破性进展。我国在全封闭的"天宫一号"中实验种植植物也获得成功。我国科学家张懋发明"太空魔方充气居住屋"并获得专利。这个太空小屋墙面壳体是由一层或多层高强度气密膜组成的,它类似于太空服的材料;气密膜分为不透明的与透明的两种,可以使多个小屋彼此牢固地连接,并保持全封闭气密状态[3],气密膜充满氮气,与金属性太空飞行器相比,具有重量轻、成本低、安全性高、抗温度变化性好、抗压性强等特点,是未来开发利用太空资源、建设太空植物工厂、发展生命保障系统的重要器材和设施。

四、封闭型植物工厂栽培形式的选择

封闭型植物工厂可使用多种栽培形式,包括平面多层立体栽培、多面体立体栽培、幕墙式立体栽培、垂挂式立体栽培、圆柱形立体栽培等。

(一) 平面多层立体栽培

目前,我国和以色列、美国、日本等多个国家绝大多数封闭型植物工厂普遍采用平面多层立体栽培。这种栽培形式在旧厂房、空置房、地下室等非农业用地场所的植物工厂中得到普遍使用,但在集装箱类封闭型植物工厂中,只能设计 2 排栽培架,由于受到高度和空间的制约,栽培层数只能为 3~4 层,这是因为平面多层立体栽培形式只能采用营养液水培技术,每层都需要有营养池、栽培板、LED 补光灯和蔬菜类植物所占的空间以及栽培架所占的空间,一般每层高度都在 65~70 cm 之间。因而,这使能够扩大的栽培面积空间有限,导致生产产量和效益只能在一定范围内提高,但在其他类封闭型植物工厂中,根据其设施的高度和空间,平面多层可以向空间延伸更多层。截至目前,我国浙江大学封闭型植物工厂已达到 10 层,世界上最大的 2300 m² 的 LED 人工光日本植物工厂已提高到 15 层,产量和效益得到更大提高。

(二) 多面体立体栽培

多面体立体栽培形式是我国自主创新的栽培形式,与平面多层相比,其效果具有明显优势。以集装箱封闭型植物工厂为例,此植物工厂可以设置 2 组栽培床,每组栽培床的两面都可以栽培植物,2 组栽培床共有 4 个植物栽培面。这种多面体立体栽培床形式,可采用雾培技术代替营养液水培技术,每组栽培床只有一个营养池,LED 灯可以配置在集装箱左右两壁和中间过道上,从而使光照、水、肥、空间利用率更高,由于实现水、肥、气同补,使植物生长更快、成本更低、重量更轻,从而产量提高很多倍。如果在封闭型充气膜植物工厂中采用多面体栽培形式生产植物,立体空间更大,产量和效益将最大化。

(三) 幕墙式立体栽培

幕墙式立体栽培是在封闭型植物工厂的墙壁或人工设计建设的幕墙上栽培植物。以集装箱型植物工厂为例,在集装箱四周箱壁上设置栽培床,采用潮汐培技术,在栽培床上栽培植物,在栽培床下设营养池,集装箱内顶部安装 LED 补光灯,相比于平面多层立体栽培,此植物工厂的光照利用更充分、布局更合理、操作更方便、栽培面更大、产量更高。如果在封闭型充气膜植物工厂中设置更多、更高、更宽的植物幕墙栽培植物,产量、效益将更高。

(四) 垂挂式立体栽培

把植物栽培床垂挂在封闭型植物工厂的顶部,然后在垂挂着的栽培床上播种、灌溉、施肥,进行植保、从事农耕,这既是一种农业生产,更是一种生存艺术[4]。在任何封闭型植物工厂中,实现垂挂式立体栽培,从事农业生产,这不仅能扩大面积、提高产量、增加效益,还可以降低成本、提高资源利用率、生态环保、便于可持续生产。

(五) 圆柱形立体栽培

把植物定植在圆柱体表面,立体栽培面积更大,采用雾培技术,植物生长更快。不过在集装箱封闭型植物工厂中,由于环境空间太小,不宜使用圆柱形立体栽培装置。但在其他类封闭型植物工厂,尤其在充气膜和气密膜封闭型植物工厂中采用圆柱形立体栽培,其优越性将得到充分发挥。

五、封闭型植物工厂栽培技术的选择与比较

(一) 栽培形式与栽培技术简介

封闭型植物工厂栽培技术可分为基质培、营养液水培、潮汐培和雾培等多种,这些栽培技术既可以单独使用,又可以并用,但必须以达到高产量、高品质为目的。栽培技术的选择是由栽培形式决定的,一般来讲,栽培形式一旦确定,栽培技术也就确定。先进的栽培形式和与之相匹配的栽培技术决定了封闭型植物工厂的产量、品质和特点。

(二) 主要栽培形式和栽培技术的比较

以 40HQ 型集装箱封闭型植物工厂为例,国内大多数植物工厂都采用日本平面多层立体栽培形式和与之相配套的营养液水培技术。40HQ 型集装箱长 12 m、宽 2.35 m、高 2.39 m,空间体积为 67.398 m^3。

（1）采用平面多层立体栽培：中间过道、两边栽培区可各设一排长 12 m 的栽培架，架上可设 3 层宽 60 cm 的栽培床，这样整个 40HQ 型集装箱空间的实际可栽培面积为 43 m²。如果每平方米可栽培 12 株菜，每批可栽培 518 株，全年 10 批共可栽培 5180 株。

（2）采用多面体立体栽培：中间过道、两边栽培区可各建一个栽培床，栽培床每面长 12 m，宽 2 m，每床单面可栽面积为 24 m²，这样共可建 4 个栽培面，即实际栽培面积为 96 m²，全年可栽蔬菜 11520 株。

这样，在同一只集装箱内栽培蔬菜，同一面积栽相同的数量，由于采用两种不同栽培形式，出现两种结果。多面体立体栽培相较于平面多层立体栽培，实际栽培面积和栽培数量均扩大了 2.2 倍。平面多层立体栽培形式采用营养液水培技术，多面体立体栽培采用雾培技术。另外，多面体立体栽培的优势还表现在以下几个方面：

（1）营养液水培技术对植物只能实现水、肥同补，而雾培技术对植物真正实现了水、肥、气同补，从而使植物生长更快，这是任何一种栽培技术所不能比拟的。

（2）在水、肥资源利用率方面：雾培技术实现了循环利用，是营养液水培技术用水量的 1/10；营养液水培技术对肥的利用率为 60%～70%，而雾培技术对肥的利用率达到 100%，真正实现了零排放、零污染。

（3）营养液水培技术在高温季节中，一旦营养液温度达到 35 ℃以上，植物就会停止生长甚至萎蔫死亡；在低温季节中，一旦温度低于下限值 0 ℃时，大部分植物都会停止生长甚至遭受冻害。而雾培技术在同样的条件下，采用温控措施的成本都要低很多。

立体栽培的形式还有很多，所采用的栽培技术也有多种选择。在实际生产实践中，要根据不同的植物品种选择不同的栽培形式和与之相适宜的栽培技术，对产量、生态、成本、景观、品质、操作性等多种因素综合考量，科学选择以求最佳。

六、封闭型植物工厂存在的问题和解决途径

封闭型植物工厂与太阳光型、太阳光和人工光并用型露天型植物工厂相比，在闲置设施利用、预防虫害、温度控制和调节、科技含量、建设成本等方面具有一定优势，但也存在着极其明显的问题，即在生产和建设过程中人工光成本太高，达到总支出的 30% 左右。为了解决这个问题，人们做了很多有益的探索并取得很多突破：一方面采用太阳能、风能、潮汐能、水能、生物能、地热能等发电技术为植物工厂提供廉价的电动力；另一方面采用 LED 和 OED 节能补光灯以降低能耗和成本。随着新材料、新装备、新技术的出现，封闭型植物工厂技术体系会不断完善，电力成本高的问题会进一步得到解决。

安徽省植物工厂产业技术创新战略联盟发起单位之一的中国科学技术大学先进技术研究院，其最新成果从根本上解决了这个植物工厂瓶颈问题。中国科学技术大学先进技术研究院刘文教授带领团队，研制出新型农业光伏系统，利用特殊光学多层薄膜可以将太阳光分层并过滤，利于植物光合作用的光能可穿透薄膜用于植物补光，将其他对植物生长无用的光能利用槽型聚光技术发电，既减少过多太阳光照射造成的土地和植物水分蒸发，又高效利用太阳能资源。这一新型技术解决了植物工厂电力消耗过高的世界性难题，为植物工厂的应用与普及起到巨大的推动作用。这一新型农业光伏系统在瑞士日内瓦巴莱斯堡展览馆第 43 届日内瓦国际发明展上获得了金奖，随后又获得了亚洲光伏大奖、中国第三届国际照明大奖和俄罗斯友谊奖等多个奖项。

七、封闭型植物工厂外部设施及其栽培技术展望

作为非耕地农业、地区经济发展活化"起爆剂"，21 世纪世界农业发展方向的智能农业植物工厂技术之一的封闭型植物工厂，技术体系必将更加完善、更加先进。封闭型植物工厂的外部设施必将出现多种封闭型设施同时并举的局面，尤其是随着材料工业的发展，将更多地使用充气膜、气密膜等材料建设封闭型植物工厂，使封闭型植物工厂设施的建设成本更低、空间更大、质量更好，并得到广泛使用。封闭型植物工厂的技术将更加广泛和先进，更能创造适宜植物生长的最佳环境。尤其在栽培技术方面，将选择更加科学、更低成本、更加高效的栽培技术，封闭型植物工厂的市场将更大。

第三节　半封闭型植物工厂

任何植物都具有光合、代谢、呼吸 3 种生理功能现象，半封闭型植物工厂就是根据植物的这些生理现象建造的。它具备透光、降温、空气循环和防虫的特点。半封闭型植物工厂不是完全封闭型的，因为温室内外保持一定的通风量。

在采光功能方面，半封闭型植物工厂一般选择采光性好的塑料白膜、阳光板或玻璃为主要材料。

在塑料白膜选料上，一般选择透光性好、自洁功能强和使用寿命长的"三防膜"，最好是选择纳米膜和多功能膜，多功能膜能随着外界光强度的变化而改变透射率，使室内植物光强度更稳定和更有效。膜能起到保温、挡风、遮雨、防虫、滤光

的作用,创造独立的植物生长空间环境。

阳光板和玻璃都是比较好的植物工厂设施建设材料,与塑料薄膜相比具有采光效果更好、使用期更长的特点,但是成本较高。采用塑料白膜、阳光板、玻璃做温室主要材料的植物工厂也属于太阳光型或太阳光和人工光并用型的植物工厂,与封闭型植物工厂相比,造价成本、温控成本要低一些,但科技含量却要高一些。这是因为其太阳光具有不可控性,降温时从经济角度出发必然选择以自然降温为主,那就要在必要的通风处安装防虫网,这既能防止害虫侵入,又可对室内二氧化碳起着补偿作用,还能促进室内空气循环和降温。另外,空气流通在降低室内温度的同时,也把室外的病菌(防虫网不能防止病菌的侵入,只能防虫)带入植物工厂内,这就必须在植物工厂内安装驱虫灭菌系统。这套灭菌系统不是使用农药的系统,而是现代物理技术植保系统,我们将在第六章加以介绍。

第四节 保健型植物工厂

世界卫生组织报告称,中国在 2012 年的癌症发病人数,几乎占了全球的 1/2,高居世界第一,令人震惊!生态环境日益恶化、人口老龄化、生理心理亚健康的人越来越多等社会问题堪忧。植物自然疗法因其功效综合且显著,被认为是解决这些社会问题的有效方法之一。其基本思想是创建和利用植物自然环境,对人体产生直接或间接的作用,改善身心状态,维持和增进健康,提高生活质量。植物自然疗法的应用与创新,已被越来越多的人认知、认可和追求。

一、植物自然疗法的奥秘

植物自然疗法,是利用大自然中植物的气味、气息、色彩及生物电磁波对人的精神、身体产生作用的科学保健方法。

在长期的实践中,人们偶尔会发现鸟类包括猛禽雕等,有时把能散发出香味的草叼回窝里,让香气透过其蛋壳去除细菌,预防感染,使雏鸟健康出生。椋鸟用香草装饰自己的窝,以达到去除蝇虫和菌类的作用[1]。

人们曾观察到一只受伤的动物寻食一种野草的叶片,并发现这只动物的伤很快就痊愈了,这说明这种植物的叶片具有消炎、止痛、愈伤的功能。蚂蚁在觅食时往往会同时捎回些檀树叶子或种子储藏于蚁穴的潮湿处,原来这些种子或叶片上均带有微生物真菌的孢子,孢子能在阴湿的环境中大量增殖并分泌抗菌物质,从而保证蚁群的健康及贮存的食物不致腐败。

相传我国古代名医华佗曾目睹一水獭因生吞了一条大鱼后腹胀难忍,凄惨欲绝,一只"见义勇为"的老水獭采了一种紫色野草让病水獭吃下。没过多久,在死亡线上挣扎的病水獭便痊愈了。我国著名的云南白药是其发明人曲焕章受到老虎和蛇的"启发"而研制成功的。曲焕章是一名好猎手,一次他打中了一只老虎,第二天请人去抬,发现老虎已经不见,他跟踪追寻,最后查明带伤的老虎是吃了一种植物的叶子而止住了血逃走的。又有一次,曲焕章看见一条被樵夫的利斧砍掉一大段尾部的蛇,负痛窜入灌木丛中,便近而视之,只见伤蛇从一株草本植物上咬下几片叶子嚼烂后敷在伤部,须臾血止。

关于动物利用植物改善环境、自我疗疾的奇特现象,科学家做过试验:一名患有疾病的人,每天在野外植物丛下面睡上几个小时,病就奇迹般地消失了。这表明植物具有自然治疗的功能。

自然植物疗法,就是利用自然界植物的物化因素来增强人体免疫力,预防、减轻、减少疾病的一种绿色治疗方法。人和动物利用植物自疗的现象十分有趣,它的奥秘唤起人们的深思,也激起动物学家、医学家们去探索和研究的兴趣。

二、植物秘密的新发现*

俄籍华人医学博士姜堪政发明了接受、反射、传递生物微波的装置——场导舱。在场导舱内种植小麦、玉米等植物,受试者每天在这些植物旁躺下并睡 2 h,场导舱内人不与植物接触,不吃药、不打针,只是安静地坐或躺在舱内床上,就能使人的免疫力增强、全面改善人体健康水平且无任何不良反应,相关人体实验做了 600多例。一个月后发现,这些植物发射的生物电磁波具有提高人体免疫力和调节内分泌的功能,多数人的慢性疾病和衰老状况有了改善[2]。姜氏场导实验表明:一切生物体在其生命过程中发射电磁波,这种生物波场载有生物体生命活动的信息,能向生命体外传播,并能使该生物场及其范围内的其他生物体受其影响发生形态和功能上的变化。姜氏场导理论、技术和装备发现了植物发射生物电磁波的秘密,提出人类抵抗疾病、延长寿命、提高生活品质的新途径,将引导人类回归自然,并对人类社会的发展产生深远影响。1999 年,姜堪政博士荣获加拿大国际医学成就金奖。

现代量子共振仪检测结果显示:生物电磁波对人体心肌缺血有改善作用,对人体抗衰老产生效果,对人体心脏有保健作用,对神经系统、血管、血脂、淋巴免疫功能、内分泌、血液成分、酶活性等都将产生作用。磁场用于高脂血症、心梗、脑梗的

---

* 有学者对此研究有争议,不代表本书观点。

研究和临床应用在国内外已经非常普遍,效果显著,并且没有类似药物的副作用,是世界卫生组织提倡的 21 世纪"绿色疗法"之一。

三、植物自然疗法的分类

植物自然疗法包括森林疗法、园艺疗法、芳香疗法、饮食疗法、生物磁场疗法、色彩疗法、植物草药疗法等。

(一) 森林疗法

森林中的植物能散发出芬多精,芬多精与声音、阳光、气息、色彩等是能和人体自然调节机能产生共鸣的物理因素。森林疗法是借助森林所具备的各种物理环境因素,结合医学理论与文化因素,使生活与自然融为一体,以此充实人体精气、调和身心、增进健康、预防和治疗疾病的一种活动和方法。森林疗法最理想的季节是夏季和秋季(5~10 月),每天进行的时间为上午 10:00 至下午 4:00。气温一般在15~25 ℃。森林疗法适于缓解慢性鼻炎、慢性咽炎、慢性支气管炎、肺气肿、肺结核以及哮喘病、冠心病、高血压、动脉硬化等诸多疾病。

(二) 园艺疗法

园艺疗法是指有必要在其身体及精神方面进行改善的人们,利用植物栽培与园艺操作活动,从事能对社会、教育、心理以及身体诸方面进行调整、更新的有效活动或方法。园艺疗法对正处于恢复期的急、慢性病人可以达到减缓症状的目的,对亚健康的人可以达到减轻压力、改善精神状态的目的。

(三) 芳香疗法

不同种类的芳香植物或花卉散发出不同的香味,其中含有各种不同的萜类、醇类、烯类挥发性芳香分子,通过人体的呼吸通道与人体的嗅觉细胞接触进入体内后,会产生不同的化学反应,对人体产生保健作用;芳香分子通过人的嗅觉神经,传导到大脑皮层,有利于改善人的心情和情绪。

丁香花具有净化空气、缓解牙痛的作用,茉莉花具有理气、解郁、减轻头晕和由感冒引起的头痛鼻塞作用,菊花具有清热祛风、平肝明目作用,米兰能使哮喘病人感到心情舒适,桂花能勾起人思乡之情,薄荷香气能醒脑,罗勒香气能提神,洋甘菊能使人镇静,沉香能安神,迷迭香能增强记忆,薰衣草香有助睡眠,万寿菊能吸收氟化物,石榴花能降低空气中的含铅量,腊梅能减少空气中的汞含量。最新研究发现:迷迭香和牛至香草中所含的酚等健康成分,具有降低血液中葡萄糖含量、抗击2型糖尿病的功效[3]。

芳香疗法就是通过利用植物的香气和精油,借助香熏、按摩、吸入、沐浴、热敷等方式,调节人体的各大系统,激发人类机体自身的自愈平衡及再生功能,达到强身健体、改善精神状态、平衡身心的目的的保健疗疾方法。

(四) 色彩疗法

中国传统医学有五脏配五色的学说,"白色入肺、赤色入心、青色入肝、黄色入胃、黑色入肾";古印度医学认为,每一种颜色都有特殊能量,这些能量跟人体中7种内在的具有支配能力的能量相吻合:紫色对应顶轮,靛青对应眉间轮,蓝色对应喉轮,绿色对应心轮,黄色对应脐轮,橙色对应生殖轮,红色对应海底轮。现代心身科学研究认为,不同的颜色是具有不同频率的光波,具有不同的能量,能对人体相应组织器官及心理状态产生独特的影响。进行科学的色彩养生可以达到减缓焦虑、平衡心身、调益脏腑、提升健康的养生作用。色彩养生可以在卧室用以改善睡眠。

色彩疗法就是利用植物色彩作用于视觉器官,影响人的生理和心理,从而达到治病疗疾、养生保健的作用。植物的色彩主要是指植物的花色和叶色。大自然具有神奇的色彩:不同植物具有不同色彩,一种植物具有多种色彩,一株植物具有多种色彩,每种色彩具有不同功效。白色使人宁静、安抚心灵;黄色明快,使人提高自信心;绿色保护视力、促进新陈代谢、缓解紧张、消除疲劳、提高工作效率;紫色使人产生遐想,并增强孕妇食欲和听力、减轻上瘾症和偏头痛;红色让人喜悦、减轻疼痛和提振精神;橙色对治疗抑郁症和哮喘有一定的效果,并可刺激食欲、促进人体增高;青色有利于治疗关节和静脉曲张等疾病。

科学家认为:未来的药物将是颜色、声音和光的结合。据测试,经常置身于优美、静谧、芳香的花木丛中,可使人的皮肤温度降低1~2 ℃,脉搏跳动每分钟减少4~8次,呼吸均匀、血流减缓、心脏负担减轻,人的嗅觉、听觉、记忆力、灵感和思维活动增强。

四、自然植物启迪智慧

自然界的植物不仅能养生保健、治病疗疾、调整心态,还能开启心窍、启迪智慧。大自然中的植物不仅给我们提供生存的条件,还带给我们无穷无尽的想象力,启示我们发明创造,提供发展条件。

锯齿草划破鲁班的手,启发鲁班发明了锯;人类从荷叶的形状获得启发,发明了伞;人类从苍耳植物获取灵感,发明了尼龙搭扣。人类认识、利用植物是逐步深入的。人类利用植物的医药功能,发明和开发出无数的药品;利用植物的色彩功能,完成了无数个绿化、彩化和香化工程;利用植物的生物磁功能,发现人体内也存在微量的磁铁性物质,例如在人的鼻梁骨中就观察到了铁的沉积物。人类除了视觉、听觉、嗅觉、味觉、触觉外,还有第六感觉——磁觉。植物和人类本身都离不开磁,如果离开磁,特别是失去地磁场的作用,生长发育就不会正常。人类对生物磁场的发现,形成了磁学研究,发明、创造出无数的磁产品[4],广泛地应用在医疗、化工、农业等多个方面,如医疗中的磁辐射、磁共振等形成磁疗体系。

五、不同植物对人体产生的作用

植物磁场的产生依赖于植物在生长过程中不断累积的有机物能量,每种植物属性和生长环境各异,也就产生了不同性质的植物磁场。植物磁场与其周围的任何磁场每时每刻都在发生相互作用,不同性质的植物磁场对人体产生的作用也不同。

(1) 仙人掌、仙人球:仙人掌、仙人球具有吸收电磁波辐射、减少电脑危害人体健康的"特异功能"。仙人掌类身上带刺,肉质厚,含水分多,易于吸收和化解周围环境的电磁场辐射毒素,减少室内外的污染,有益于人体健康。

(2) 玉米苗:贫血是由血液中红细胞老化、死亡引起的。玉米苗电磁场可促进新生的红细胞成熟,增加红细胞膜韧性,增强运输氧和二氧化碳的能力,起到改善贫血症状的作用。

(3) 小麦苗:小麦苗电磁波作用于人体免疫器官,增强机体免疫细胞活性,增强机体特异性免疫及非特异性免疫功能,提高人体抗病能力。

(4) 银杏树:银杏树电磁场使心血管系统规律地收缩和舒张,冠状动脉血流增加,心肌缺血状态得到改善,降低患心脏病的风险。

(5) 豌豆苗:当豌豆幼苗处于生长旺盛阶段,发出的电磁波会加速人体细胞的代谢,使全身细胞更加活跃,从而延缓人体衰老的进展。

(6) 蓖麻:蓖麻所产生的电磁场可使体内脑啡肽水平升高。脑啡肽浓度升高,可以产生镇痛作用。

(7) 白桦树:白桦树电磁场对人体神经内分泌系统有调节作用,使神经递质活性增加,儿茶酚胺类物质分泌减少,激素分泌趋于正常,从而有助于血压恢复正常。

随着人体的老化,新陈代谢和记忆力会逐渐减退,免疫功能也随之下降。这些老化和疾病的因子在植物电磁场的作用下会发生变异,从而恢复机体的形态及生理功能。此外,植物电磁波还可激活潜在遗传基因,使其变成活性基因,发挥抗衰老的作用。实验表明,衰老是活性基因受损所致,植物电磁波可激活和修复受损基因,帮助人体保持年轻态。

六、植物自然疗法的应用与发展

植物自然疗法因其疗效显著、成本低廉、方法简单且绿色无副作用,已被更多的人认知、认可和追求,并成为时尚。

(一) 回归自然

人们认识到好的生态环境是很重要的,开始改变对大自然只是攫取而缺乏保护的态度;并认识到对疾病要"防"重于"治",改变原来那种"宁花 100 元去治病,也不愿花 1 元钱去预防"的想法。人们利用节假日回归大自然,到森林、海边、公园、花园、农庄进行森林浴、阳光浴、海水浴、空气浴、芳香浴,去养生、休闲、感悟、体验、享受,以各种方式去释放压力、放松心情、汲取大自然精华、减轻疼痛、减少疾病、增强免疫力。

(二) 建设室内大自然环境

由于越来越多的人就近享受植物自然疗法的需求,设施农业、阳台农业、生态农业、都市农业大行其道,融生产、生活、生态、养生、体验、观光旅游为一体的家庭农场、示范园、观光园、香草园、玫瑰园、采摘园、科技园快速发展。由于融合了植物自然疗法的应用功能,吸引了大量游客,产业化发展已形成趋势。保健型植物工厂则是植物自然疗法应用和创新的最佳形式。

七、保健型植物工厂是植物自然疗法的应用与创新

(一) 保健型植物工厂概述

保健型植物工厂是用立体栽培方式、无土栽培技术,浓缩和模拟植物生长的自然环境,融植物高产量、高效益、高品质生产与植物自然疗法为一体的生产系统。保健型植物工厂是以自然保健为主要功能的植物工厂。通过选择性地栽培绿色、彩色、药用、芳香等植物,借助植物工厂声、光、电、磁、气、核及智能环境控制等集成技术系统,使植物工厂具有植物生产和植物自然疗法保健等多种功能。

（二）保健型植物工厂建设

保健型植物工厂具有保健功能，承载着维护公众健康的作用。栽培品种和栽培模式的设计要以服务于植物自然疗法为原则。尽量选择具保健功能的植物，并形成不同品种、不同功效的不同群落，强化群落小区域色调显著、气息浓厚、功能特殊的特点，以适应不同人群、不同疾病的不同需求。

1. 色彩保健区

色彩保健区应划分为红色、蓝色、紫色、绿色、橙色、黄色等各个单一色彩群落，每种色彩都是由不同的蔬菜、香草和药草等植物构成的，而且每种色彩植物都是以立体形式栽培的，特别入眼，以满足各种不同保健需求。

2. 体验保健区

体验保健区是让保健需求者通过对植物栽培、维护、采摘、分拣、包装等农事活动的体验来达到保健功效目的。

3. 专项保健区

专项保健区是针对某一种疾病而专门栽培的专一植物类群。这样，多个植物类群可以满足多种单一病种的治疗需求，形成专项保健区。需要提高自身免疫力的人可以去小麦栽培区，贫血患者可以去玉米苗栽培区，老年人可以去豌豆苗栽培区，疲劳过度的人可以去香草栽培区。保健型植物工厂可以满足人们保健的多种需求。

第五节 微型植物工厂

一、经济效益

微型植物工厂虽然微不足道，但它的效率是非常高的。下面以一体两面微型植物工厂为例说明。一体两面立体栽培装置是一种占地面积极少，建设和管理成本极低，产量、品质、效率都达到或超过其他无土立体栽培装置的植物栽培新装置。栽培床的高为 2 m、长为 60 cm、宽为 10 cm，每套栽培装备的面积仅 0.06 m²，实际栽培面积为 2.4 m²，扩大了 40 倍，年可产鲜菜 200 kg 以上。复合式一体两面微型植物工厂装备的长为 1.2 m，宽为 0.1 m，面积为 0.12 m²，可栽 432 株菜，年产菜约 500 kg，而月用电在 5 元以内。这一模式创新，实现了生产与消费零距离，实现了从食用无公害蔬菜到食用有机蔬菜的需求,而且施肥、灌溉全部智能化,养分、水分循环利用,零排放、零污染,清洁卫生,周年生产。

二、技术优势

(1) 智能化生产,省事、省心。

(2) 成本低廉。

(3) 实现了水、肥、气同补,植物生产最快。

(4) 节约资源。占地最少,水肥循环利用,水、肥利用率达到 98%,节电 98%。

(5) 重量轻。每套重量不到 25 kg,移动方便。

(6) 操作简便。栽培床只有 2 m 高,栽培、收获简便。

(7) 生态环保。无土栽培,不喷农药,不用除草剂,不施化肥,零排放,零污染,降碳增氧,生态环保。

微型植物工厂是为了家庭生活之需,不可能也不必要照搬植物工厂所有设施系统,它是植物工厂的浓缩、精华,是形式的拓展、技术的延伸,技术性更强、适用性更大、市场更广阔。大力发展微型植物工厂,可以减少对网络的依赖,可以节约更多物流资源、交通资源和人力资源。社会效益、生态效益、科技示范效益远远大于产生的经济效益。

现阶段,在植物工厂技术研究中,微型植物工厂研究相对滞后,技术和生产远远不能满足未来市场的巨大需求,应该引起政府和植物工厂研究部门以及科技工作者的高度重视,加大投入、研发和扶持力度。

第三章 植物工厂栽培技术

在漫长的人类社会历史长河中,从原始社会、奴隶社会、封建社会乃至今天,人们基本都是在室外从事农业生产的,植物栽培也大都是在露天进行的,万物土中生,劳动人民与土打了数千年的交道,"汗滴禾下土",面朝黄土背朝天的艰辛状态延续了数千年,劳动的果实乃是"粒粒皆辛苦""来之不易"啊!

从第一个"人工气候室"农业设施的出现到现在的普通农业设施,打破了人们的"靠天吃饭"的传统,人们在设施的基础上创新开发了基质栽培、水培(营养液培)和雾培等多种无土栽培新技术,开辟了无土栽培的新纪元。而植物工厂的诞生,使人类真正彻底改变了"靠天吃饭,靠地吃饭"和"万物生长靠太阳"的传统,在真正意义上实现不靠天、不靠地、靠自己、靠创新、靠科技力量来养活和发展人类。下面我们分别介绍基质栽培、营养液栽培和雾培等现代农业栽培新技术。

第一节 基 质 栽 培

20世纪90年代,基质栽培开始在我国盛行;它以改变植物根系环境为主导,结合滴灌技术,创立了较为合适的水、肥同补的植物生长条件。基质栽培是露天栽培的质的飞跃,提高了产量和品质,材料简单易得,技术切实可行。

基质栽培是使植物通过基质固定根系,并通过基质吸收营养液和氧气的一种栽培技术。基质可分为有机基质和无机基质两种类型。海绵栽培是基质栽培的创新形式。

一、基质分类

(一) 有机基质

有机基质是指草炭、锯末、树皮、稻壳、食用菌肥料、甘蔗渣、椰子壳、玉米秸、葵花杆、玉米芯、刨花、棉籽壳、松树针叶、纤维等发酵后作为无土栽培的基质。

(1) 锯末做基质,可以连续使用 2~6 茬(每次使用后都要进行消毒处理),它含有机质 85.2%、氮 0.18%、磷 0.017%、钾 0.138%、钙 0.565%、镁 0.0977%、铁 0.5%、锰 93.1 mg/kg、铜 15.8 mg/kg、锌 102 mg/kg、硼 11.2 mg/kg。锯末是一种既便宜又富含植物营养成分的基质。

(2) 棉籽壳(菇渣)容量为 240 kg/m³,含有机质 50.8%、氮 0.97%、磷 0.252%、钾 1.11%、钙 1.86%、镁 0.691%、铁 0.556%、锰 146 mg/kg、铜 13 mg/kg、锌 43.8 mg/kg、硼 11.5 mg/kg。

(3) 玉米秸(发酵后)容量为 0.13 g/cm³,含有机质 83.2%、氮 1.06%、磷 0.106%、钾 1.07%、钙 0.668%、镁 0.392%、铁 0.102%、锰 49.4 mg/kg、铜 11.5 mg/kg、锌 17.5 mg/kg、硼 11.6 mg/kg。

(4) 葵花杆(发酵后用)容量为 0.15 g/cm³,含有机质 84.97%、氮 0.772%、磷 0.108%、钾 0.862%、钙 0.242%、镁 0.348%、铁 313 mg/kg、锰 20.8 mg/kg、铜 27.1 mg/kg、锌 9.16 mg/kg。

其他几种有机物的营养含量也是比较不错的,尤其是玉米芯的营养比玉米秸更丰富,草炭应用最多。

(二) 无机基质

无机基质的材料很多,如蛭石、珍珠岩、岩棉、砾石、灿石、陶粒等物质,其中应用最广泛的是岩棉、珍珠岩、蛭石等材料。

(1) 岩棉是由辉绿岩、石灰石和焦炭三者按一定比例在 1600 ℃的高温下熔化冷却后加上黏合剂压成的板块。其优点在于它在整个栽培季节里不变形,吸水性、透气性都好。1968 年,丹麦、荷兰、美国、比利时等国就已开始使用岩棉。它的最大缺点是在自然界中不易降解,造成环境污染,该问题至今还没能得到根本解决。

(2) 珍珠岩是由硅石、灿石在 1200 ℃的高温下燃烧膨胀而成的。透水性和透气性都很好,容量为 80~180 kg/m³,物理和化学性质都比较稳定,可以单独用作基质,也可以混合使用,使用时不必消毒。它的成分为二氧化硅 74%、氧化铝 11.3%、氧化铁 2%、氧化钙 3%、锰 2%、氧化钠 5%、钾 2.3%。

（3）蛭石是由云母类矿石加热到 800～1100 ℃时生成的，蛭石很轻，容量为 80 kg/m³，具有较高的阳离子交换量，保水、保肥较强。使用时不必消毒。蛭石含二氧化硅 41.89％、氧化铝 16.82％、氧化镁 20.46％、氧化钙 0.79％、氧化铁 11.42％。

在所有基质栽培的材料中，用得最多、最广的是草炭。

草炭来自泥炭藓、灰藓、苔草和其他水生植物的分解残留体。草炭的持水量和阳离子交换量都高，具有良好的通气性。可以单独使用，也可以与其他基质混合使用。其用量为 25％～75％（体积）。

各种基质的营养元素含量如表 3.1 所示。

表 3.1　各种基质的营养元素含量　　（单位：mg/kg）

名称	全氮	全磷	速效磷	速效钾	代换钙	代换镁
菜园土	1060	770	50.0	120.5	324.70	330.0
炉渣	1830	330	23.0	203.9	9247.50	200.0
蛭石	110	630	3.0	501.6	2560.50	474.0
珍珠岩	50	820	2.5	162.2	694.50	65.0
炭化稻壳	5400	490	66.0	6625.5	884.5	175.0
岩棉	840	2280		（全钾）13380		
棉籽壳	22000	22600		（全钾）1700		
菇渣	18900	1370		（全钾）7700	（全钙）53700	（全镁）5250
河沙	100	99.2		（全钾）307	（全钙）727	（全镁）318
玉米秸	8400					
玉米芯	18900	1370		（全钾）7700	（全钙）53700	（全镁）5250
麦秸	4400	686		（全钾）12800	（全钙）3090	（全镁）922
杨树锯末	2100	226		（全钾）2700	（全钙）6890	（全镁）666

二、基质的配比

在基质材料大家族中，有些基质是可以单独使用的，有些则必须混合使用。在各种基质混合配比的过程中,要根据不同植物的不同特性、生长期来确定配比。配比的原则是:降低容量,增加孔隙度,增加水分和空气的含量,以利于植物生长,尤其在进行产业化的植物工厂生产过程中,基质配比一定要科学、规范。

在使用过程中,通常有以下几种基质配比方法:

(1) 草炭+锯末为 1∶1。

(2) 草炭+蛭石+锯末为 1∶1∶1。

(3) 草炭+蛭石+珍珠岩为 1∶1∶1。

(4) 炉渣+草炭为 6∶4。

国外通常使用的基质配比方法如下:

(1) 草炭+珍珠岩+砂为 1∶1∶1。

(2) 草炭+砂为 1∶3。

(3) 草炭+蛭石为 1∶1。

(4) 草炭+蛭石+砂为 2∶2∶1。

(5) 草炭+树皮+刨花为 2∶1∶1。

美国加利福尼亚大学的基质混合配比如下:

0.5 m^3 细沙(粒径 $0.5 \sim 0.05 \text{ mm}$)+0.5 m^3 粉碎草炭+4.5 kg 白云石或石灰石+1.5 kg 钙石灰石+145 g 硝酸钾+145 g 硫酸钾+1.5 kg 20%的过磷酸钙。

中国农业科学院蔬菜花卉研究所盆栽基质的混合配比如下:

草炭 0.75 m^3+蛭石 0.13 m^3+珍珠岩 0.12 m^3+石灰石 3 kg+过磷酸钙(20%五氧化二磷)1 kg+有机专用肥 12 kg。

另外,还有一种草炭矿物质基质的混合配比如下:

草炭 0.5 m^3+蛭石 0.5 m^3+过磷酸钙(20%五氧化二磷)和硝酸铵各 700 g+粉碎的石灰石或白云石 3.5 kg。

三、基质消毒灭菌

基质配比速成后,进行搅拌,力求均匀,还要进行消毒灭菌处理。为了安全和品质,我们提倡在植物工厂中使用的所有基质都不应用化学的方式来进行消毒灭菌,而是采取物理灭菌技术,如利用紫外线、臭氧、静电、电功能水、磁化水等多种技术进行。

四、基质栽培及其设施

在植物工厂中进行基质栽培,要服务于整体规划布局,力求做到经济效益、景观效益与园艺紧密结合,力求最佳。

(一) 立柱式基质栽培

立柱式基质栽培就是在立柱设施上栽培植物。这种栽培形式通常采用基质栽培技术,这种柱式栽培设施分为叠加式和整体式两种。叠加式立柱栽培设施是由多个小件叠加起来的。每个小件中间是圆心孔,孔的四周是带有 3～6 个角的圆盘,盘中盛着基质,每个角上可栽植 1 株植物,然后把 10 个小件从中心孔穿 1 根立柱,就构成立柱栽培设施了。1 根立柱占用平面很小,但柱体却能栽植 30～60 株植物,使栽培面积提高几十倍。整体式立柱栽培设施的上面等距离、多角度分布着许多栽培孔,其效率与叠加式立柱是相同的。如图 3.1 所示,由外直径 20 cm、内直径 10 cm、高 18 cm 的六角形塑料块(10 个)串成一个立柱栽培设施。每个塑料块有 6 个角,每个角可栽 1 株菜,每根立柱平面面积为 63 cm^2,一共可栽 60 株菜,即是平面栽培的 60 倍。这种立柱式栽培又称码垛式基质栽培。

图 3.1　立柱式基质栽培的蔬菜

(二) 轮式基质栽培

轮式基质栽培,就是在圆柱形卧式支架上装有基质盆苗,进行基质栽培,圆柱形卧式支架中心装有中心轴,中心轴两支点处装有轴承,中心轴一端连接一把手,摇动把手能使整个圆柱形支架像轮子一样转动,如图 3.2 所示。轮式基质栽培常见于观光园,供游客观赏。

图 3.2　轮式基质栽培

(三) 管槽式基质栽培

管槽式基质栽培可以分多种形式,如槽式栽培和吊槽式栽培。管道的材料为 PVC 管,管的粗细根据栽培形式而定。

1. 槽式栽培

槽式栽培的 PVC 管一般选择直径 11 cm 的,在管上去除 1/3 的面,然后在槽中装好基质,相应地安装滴灌设施,就可以在槽中种植植物。图 3.3 为槽式基质立体栽培蔬菜。

图 3.3　槽式基质立体栽培的蔬菜

2. 吊槽式栽培

这种槽式栽培一般用直径 32 cm 的 PVC 管（或更粗些），从中线锯开，分为两个槽，然后装上基质及滴灌设施并栽上植物，用链条把槽的两头固定好后悬吊起来。图 3.4 为吊槽式基质栽培蔬菜和瓜果。

图 3.4　吊槽式基质栽培的蔬菜和瓜果

（四）袋式基质栽培

选择 40 cm×60 cm 的塑料袋。装上基质后，在袋上面定植 2 株菜，然后装上滴灌设施，这种方法叫作袋式基质栽培。图 3.5 为袋式基质栽培黄瓜。

图 3.5　袋式基质栽培的黄瓜

（五）壁式基质栽培

壁式基质栽培就是在垂直的墙面上，距离墙面 10 cm 处装一层泡沫板，然后在这10 cm的空间中装满基质,安上滴灌设施。在泡沫板的表面按一定距离插上定植孔,然后在每个定植孔中定植一棵菜。另外一种形式是在壁式基质栽培架上布上网格,在每个网格中放一只栽有1株苗的基质钵,植物在每个基质钵中生长。图3.6为壁式基质栽培植物。

图3.6 壁式基质栽培的植物

基质栽培还有很多种栽培形式,包括柜式栽培、阶梯形栽培、宝塔式栽培等。植物工厂中利用多种设施进行基质栽培并辅以滴灌技术,形成基质栽培体系。

五、海绵栽培

海绵用来栽培植物,是基质栽培的一种创新。海绵是透气性、吸水性最好的基质,也是重量最轻、最卫生的基质。用海绵栽培植物无疑是基质栽培的一场革命。

(一) 海绵栽培技术的创新与发展

海绵栽培技术是采用海绵代替基质,利用海绵的透水性、透气性特点来栽培植物的技术。普通基质栽培存在着基质用后处理和高成本两大主要问题,岩棉栽培中的岩棉使用期短(2~3 年),且废弃后的岩棉不可降解。但海绵可持续重复利用并可降解。海绵具有可塑性,可取任意大小、形状,使用方便、无需换水,不会产生细菌和异味,具有卫生性。李国景、徐志豪等用5年时间对岩棉和海绵基质做了比较研究,旨在了解不同基质对温室番茄根际环境、生长、发育和产量的影响,为海绵是否可作为番茄无土栽培适用基质和提出有效的栽培管理措施提供理论依据。该研究表明,海绵基质根际环境中的 EC(可溶性盐含量)和 pH 值比岩棉基质更稳定;在每株采果数、平均单果重、果实总重和果实质量方面,海绵基质和岩棉基质无明显差异;相对于传统的岩棉基质,已使用多年的海绵基质对番茄产量和质量无不良影响；海绵可作为温室种植番茄的经济环保型基质。

莱阳农学院在对几种观叶植物的无土栽培技术研究结果中表明：环保型可持续利用的海绵作为无土栽培新材料，其吸水性好且容重小，搬运方便，非常适合屋顶花园、宾馆饭店的设计需要，并且利用海绵栽培西红柿也取得良好收益。贵州畜牧兽医科学研究所对利用海绵栽培草皮作为室内装饰进行了研究，也取得积极成果。《中国花卉报》报道过一种节水环保型、无土净水海绵栽培装置，该栽培装置由四部分组成：不漏水的容器、经过特殊处理的海绵栽培体、WRD 水处理剂、缓施长效营养花肥。这种栽培装置既可作为单株栽培盆景使用，又可栽培多种植物。

（二）海绵栽培技术在露天型植物工厂生存艺术栽培中的应用

露天型植物工厂，是利用植物工厂立体栽培技术实现露天栽培的生产系统。它是植物工厂技术的延伸与发展，是植物工厂的一种新类型，适用性更广、产量更高、成本更低。露天型植物工厂栽培技术包括悬崖型、天柱型、幕墙型、垂挂型 4 种生存艺术的栽培形式。我们在实践中既创新了露天型植物工厂的技术体系，又创新了生存艺术栽培形式和与其配套的海绵栽培技术。

1. 悬崖型生存艺术栽培

悬崖型生存艺术栽培是在悬崖上造田农耕、栽培植物。悬崖型生存艺术栽培的"田"是由定植管、塑料膜、固定网和定植棉构造的。定植管对植物起着固定作用；专用塑料膜起着防止营养液外溢和紫外线对植物根部伤害的作用；固定网对定植管和定植棉起着固定作用；定植棉是植物生长的土壤，其中含有营养液的定植棉对植物起着水、肥、气同补的作用。悬崖型生存艺术栽培的工作原理：悬崖生存艺术栽培的"田"，是由微电脑智能系统来"耕"的，智能系统启动动力泵供液系统向定植棉输液，保证定植棉有最佳的液量，以满足植物生长需求。植物根系在定植棉中拥有最佳的营养环境，能够无任何障碍地快速生长。

2. 天柱型生存艺术栽培

天柱型生存艺术栽培是指在 10 m 以上高度的人工柱体上，利用现代农业集成技术栽培植物。天柱就是人工造的"农田"，在天柱体上栽培、灌溉、施肥，这是传统农业技术无法实现的。现代农业天柱型生存艺术可以做到在天柱上进行造田农耕，培植生命。天柱型生存艺术栽培的"田"，是由天柱体网柱、薄膜、海绵栽培体、定植管等组成的，再配备供液和智控技术形成完整的生产系统。

3. 幕墙型生存艺术栽培

幕墙型生存艺术栽培是指在自然或人工建造的幕墙上栽培植物，幕墙就是"田"，这种"田"状栽培床主要是海绵栽培体，可以使墙上的植物从中获得水、肥、气营养而快速成长。

4. 垂挂型生存艺术栽培

垂挂型生存艺术栽培就是把海绵栽培装置垂挂起来，然后在垂挂着的海绵栽培体的两面定植植物,从而使两面的植物在共同的海绵"田"中生长。

(三) 海绵栽培技术的优越性

海绵栽培技术与其他几种栽培技术(基质栽培、营养液水培)相比,具有如下优越性:

(1) 重量轻,空间利用率更高,在平面单位面积相同的情况下,海绵栽培技术空间利用率更高、能利用的面积更大、能栽的植物数量更多,产量最高、效率最大。

(2) 资源利用率更高。由于海绵栽培技术的使用,栽培设施建设的材料成本降低,水和肥的利用率提高,相比于雾培技术电的使用成本降低,操作过程中人工成本降低,植物植保成本也降低。从整体上讲,海绵栽培技术的使用能够降低植物工厂10%～20%的建设和生产成本。

(3) 在植物工厂生产中,海绵适用的范围更广。在基质栽培中,海绵完全可以代替任何基质使用,而且效果更好;在营养液水培中,植物获得水、肥同补,而海绵栽培使植物获得水、肥、气同补,植物生长更快;在平面多层立体栽培形式中,由于海绵培重量轻,使植物栽培层次向上延伸更方便;与雾培相比,海绵栽培的电力生产依赖性和成本更小;尤其在露天型植物工厂生产实践中,无论采取哪种生存艺术栽培形式,在多种无土栽培技术中,海绵栽培技术都是最佳的选择。由于海绵质地轻且卫生,海绵栽培还广泛用于阳台农业、楼顶空中农业、室内生态餐厅和装饰等多个方面。

(4) 海绵栽培适用的植物品种最广。实验表明,海绵栽培不仅适合叶类、茄果类等蔬菜栽培,也适合香草、药材、花卉、苗木、牧草、草皮等栽培,还能用于繁苗和芽苗菜生产。

(四) 海绵栽培应该注意的几个方面

海绵栽培具有很多优势,但也应看到海绵培技术存在一定的不足,也有一个完善的过程,在生产实践中应该注意并加以克服。

(1) 海绵有轻泡和重泡之分、优质和再生之别。在植物工厂生产实践中,我们应该选择轻泡型优质海绵,这是因为重泡海绵密度大、重量大,不利于植物根系生长和生产操作。再生海绵含杂质多容易滋生菌类而且使用期短。

(2) 在实际生产中,由于生产用途不同,对海绵的要求也不同。用于芽苗菜生产和草皮生产的海绵要薄些;用于生存艺术栽培的海绵要厚些;用于平面多层立体栽培与圆柱形立体栽培的海绵厚度也不尽相同;用于垂挂型立体栽培与多面体立体栽培的海绵厚薄也有区别;室内与室外栽培所用的海绵厚度也要考究。总之,在实践中需逐步探索和掌握。

（3）栽培的植物品种不同，使用的海绵形状也不同。在采用海绵栽培时，要考虑植物工厂的类型，它决定着植物的栽培形式，栽培形式又决定栽培技术。海绵培基本上能适应各种立体栽培形式，但它受植物工厂的功能和栽培植物品种的影响，这些影响因素不仅决定着海绵的厚薄，也决定着海绵的形状。繁殖类植物工厂（包括育苗、芽苗菜、草皮、牧草）中，所有的海绵是不同规格的一张张大块；而在生产蔬菜类植物工厂中，叶菜类生产使用小条块，茄果类生产使用方块；在生存艺术栽培的露天型植物工厂中使用的海绵基本上是标准的整块，甚至是由多个整块组成大的海绵栽培床。总之，根据实际需要确定形状，以使海绵培优势的最大化。

（4）植物工厂是由多种技术集成的技术系统，海绵培只是可供选择的栽培技术之一，它必须在植物工厂的营养液循环利用与 LED 补光、立体栽培、智能计算机专家等多种系统配套下使用，以发挥其最大效用。

（五）海绵栽培技术展望

虽然海绵栽培技术的产生和使用的时间并不长，还需要不断完善和发展，但已逐渐显现出其独特的优势。随着植物工厂不断快速发展，海绵栽培技术必将得到更多的专家认可，必将在各种类型的植物工厂、各种不同的立体栽培形式、各种植物栽培环境中得到更加广泛的应用和发展。

第二节　营养液栽培

人们在创造历史的过程中脚步是永远不会停留的，需求是最大的动力，不断推动科技创新。人们在长期的实践中掌握了基质栽培技术，后又创新出以水为唯一基质、用含营养成分的介质来培养植物的栽培技术——营养液栽培。营养液栽培技术的诞生，标志着农业栽培技术在基质栽培的基础上向前又迈进了一步。

一、营养液栽培的概念

营养液栽培，即营养液培，又叫水培（water culture 或 aqua culture），是一种利用营养液栽培植物的技术。这种营养液是多种矿物质元素组成的水溶性营养液肥。水培是无土栽培技术的组成部分，也是现代化农业与园艺的主体技术。国内外的植物工厂中有一半以上都使用水培技术（图 3.7）。

图 3.7　以色列营养液平面栽培的玫瑰

自从农业化学家李比希揭示了植物吸肥原理和矿质元素的机理后,化学农业的大门从此开启。实践证明:植物在生长过程中所吸收的养分是一种离子状态的矿物质。而水培就是利用这个原理把离子化的矿物质元素溶入水中,按一定的科学比例配制成营养液,使植物的根系直接生长在营养液中,为根创造了最充足的肥、水接触环境,从而使植物吸收和代谢活动频率加快,生长潜能得到更大发挥,生产速度大大加快。较之于基质栽培,水培中的植物生长环境更加洁净,生长周期缩短,生产管理更趋向自动化,逐渐成为植物工厂中的主体技术和栽培模式,技术流程更简化,操作性更强,效率更高。

二、营养液栽培分类

从广义上讲,无论是什么样的栽培形式、栽培技术,都会用到营养液。如基质栽培也需要使用营养液。不过,基质栽培还是以固体基质为主,所以基质栽培不能称为营养液栽培。同样,在栽培中以营养液为主、少量珍珠岩或蛭石为辅的栽培方式不能称为基质栽培,以营养液为主的(或者没任何基质)的栽培方式应称为营养液栽培,这点不能混淆。

现代工业的快速发展,为农业提供了更多的装备和材料,而材料与营养液进行完美组合,形成以营养液为主的营养液栽培系统,出现多种营养液栽培形式。

(一) 营养液平面泡沫槽栽培

把营养液通过供液管道送入泡沫栽培槽中,把蔬菜类植物植入栽培槽中,让植物的根处于槽内的营养液中,最大限度地吸收水分和营养,使植物代谢功能加强,生长速度加快。图 3.8 为泡沫槽中营养液平面栽培的生菜。

图 3.8　泡沫槽中营养液平面栽培的生菜

（二）平面多层营养液栽培

这种营养液栽培形式是把栽培架分成几个栽培层，每层都有一个营养液池，池中盛着营养液，池上漂着泡沫板，泡沫板上定植植物，营养液不断地向植物输送水分和营养。图 3.9 为营养液平面多层栽培的蔬菜。

图 3.9　营养液平面多层栽培的蔬菜

（三）营养液管道栽培

在栽培支架上自下而上按一定距离分别装上塑料管道，并在管道内注入一定量的营养液，在管道的上方按一定距离打孔，然后就用海绵包附植物的根基部，定植于管道孔中，使植物的植株露在管道的外面，植物的根部处于管道内的营养液中。图 3.10 为营养液管道立体栽培的苦苣。

图 3.10　营养液管道立体栽培的苦苣

营养液栽培技术与传统的露天栽培相比，具有一定的、明显的先进性，主要表现在以下几个方面：

（1）生长速度快、产量高。在水培的植物工厂里，有些蔬菜类植物一年可生产 5～6 茬，比露天栽培多 2～5 倍。在产量方面，荷兰和美国等发达国家采用营养液栽培黄瓜和番茄等植物，产量可达 $50～70\ kg/m^2$，比传统露天栽培产量高出数倍。

（2）产品质量大大提高。利用营养液栽培，不使用未经处理的人粪、尿及畜粪等农家肥，生产环境清洁卫生，病虫害相对减少，甚至在植物工厂中进行免农药生产，在很大程度上降低肥料、农药、重金属及寄生虫、病菌对植物的污染和侵害。同时植物生长均匀，色泽鲜亮，商品性和食用性俱佳。

（3）省工、省肥、节水。免去土壤耕作和繁重劳动，改善农业生产的劳作条件，降低劳动强度，实现自然农业向休闲农业的转变。

（4）避免同一植物土地连作的弊端。这是因为土壤连作，一方面导致土壤肥力不均匀；另一方面盐分不断积聚导致土壤酸化、板结；尤其会导致病虫害日益增长，这样不仅提高耕作成本，还会降低产量，影响土壤可持续耕作。为了避免上述情况发生，采用营养液栽培可提高复种指数，实现多次循环连作。

（5）不受不同地区、不同土壤条件的限制。可以在屋顶、沙漠、土壤或已严重污染的地区等进行生产应用。

（6）营养液栽培技术为植物的产业化、工厂化、节约化奠定了技术基础。

三、营养液配方

营养液配方是营养液栽培技术的核心。营养液配方的元素是重要组成要素。

（一）营养液配方要素

营养液的元素组成和营养液浓度直接影响植物生长发育的速率,关系到植物产量、品质和经济效益。营养液组成中最多的成分是水和植物生长所必需的16种元素。其中,碳、氢、氧气可以从空气和水中获取;其余的13种元素分别为大量元素、中量元素和微量元素。大量元素分别为氮、磷、钾;中量元素分别为钙、镁、硫;微量元素分别为铁、锰、铜、锌、钼、硼等(氯不必添加,水中存在的氯已经够用)。

（二）营养液配制的原则和要求

在营养液配制过程中,必须坚持的原则如下:

（1）根据不同的品种或相同品种不同生长期的需肥规律不同,根据作物生长的需肥规律来设计营养液的元素组成。

（2）确保营养液中各种离子的生物有效性和液体pH的稳定性;对不利于人体安全,不利于生态环境的元素不用。

在确定和坚持上述原则的前提下,在选择及配制元素的过程中,还必须符合以下要求:

（1）营养液中植物不能吸收的元素不用。

（2）微量元素不要超过40%。

（3）不溶于水的物质不用。

（4）不利于产品安全和环境生态的不用。

（5）对植物有害的激素、抗生素不用。

水是营养液中含量最大的成分,几乎占整个营养液的96%～99%,不合格的水很难配制成高质量的营养液。配制营养液的水一般要求为自来水和没有污染的地下水。严格地讲,在植物工厂中使用配制营养液的水最好通过净化、软化、熟化、纯化处理。这是因为水中含有大量物质(其中包含盐类和腐蚀类及有毒离子),只有通过净化、软化、熟化和纯化提高水的品质,才能用于配制营养液。

北京市密云县太师庄的温室对营养水进行了纯化处理,效果非常好。南京市江宁区汤山翠谷植物工厂在国内第一次利用膜技术对配制营养液的水进行处理,虽然成本较高,但效果特别明显。南京市台湾农民创业园通过多个蓄水池对营养液用水进行"四化"处理,成本低且效果显著。

在配制营养液用水的处理过程中,我们按照钙含量和水 pH 的高低将水分为硬质水和软质水。含钙量在 90 mg/L 以上的称为硬水,硬水的 pH 超过 7,我国北方的水 pH 大多显示在 7~8.5,属于硬水。pH 小于 7(5.5~6.9)且钙含量低于 90 mg/L 的水,称为软水,电导率在 0.5 mS/cm 左右。而我国北方地区的水中还含有镁和盐类物质,电导率一般在 0.7 mS/cm 以上。根据植物生长特点,应用软水来配制营养液,pH 在 5.5~6.8 为最佳。而硬水不适合配制营养液,必须进行处理后才能使用。

对硬质水的处理,最简单的方法是用酸碱中和的方式来调节 pH,在硬水中加酸进行中和,使 pH 下降,直至达到要求。否则会阻碍植物对其他元素的吸收,造成植物缺素,出现黄化。软水的 pH 显示低于 5 时,表明是强酸,会使植物中毒,必须添加碱性元素以中和,直至达到植物生长需求的 pH,呈现偏酸性为宜。

在营养液配制过程中,对营养液浓度的要求也是非常严格的。

营养液浓度是指营养液中总盐分含量。对绝大多数植物来说,一般控制在 4%~5% 之间,对营养液中总盐分离子含量的检测方法,通常用电导率仪来测定,电导率用 EC 值表示,电导率就是溶液的导电能力,EC 值的单位是 mS/cm,在营养液配制过程中,要根据不同情况区别对待。

1. 要根据植物的不同品种来确定

叶类蔬菜植物的营养液浓度和元素与茄果类植物是不同的。叶菜类植物 EC 不超过 2 mS/cm,在阳光照射下更低;番茄类植物 EC 值在 2~6 mS/cm,最佳值在 2~4 mS/cm;黄瓜 EC 值在 2~2.5 mS/cm。木本类植物与草本类植物也是不同的,草本类植物 EC 值在 2~3 mS/cm,木本类植物 EC 值在 4~8 mS/cm。尤其要注意提高钾的含量。

2. 要根据栽培技术的不同来确定

露天栽培和基质栽培由于使用土壤和基质具有一定的缓冲性,而水培则没有缓冲性。那么,使用具有缓冲性的栽培技术栽培植物,其营养液浓度就要高些,相反就少些。

3. 要根据植物特点来确定

一般地讲,叶菜类植物生长期短,以产叶为主,就要增加氮元素的浓度;对茎类、蔓类、茄果类植物就要增加钾元素的浓度。电导率仪虽然能测出浓度,但不能测出营养液中各种离子的数量,不能反映某些离子的过剩和不足。目前市场上有 IQ202 型多离子监控仪可以解决这个问题,为科学检测营养液提供了可能。

氮、磷、钾在作物生长和发育过程起着重要作用,且不同生长发育时期对其要求不同。随时监测氮、磷、钾的离子浓度对生产优质产品具有重要意义。传统检测通常采用离线实验分析或仪表测量的方法,如果生产阶段没有特殊的要求,一般采用离线测量营养液主要离子浓度的方法。

(三) 营养液配方案例

从 20 世纪 70 年代起,营养液的生产开始进入产业化阶段。当时制剂业和化工机械工业的发展及其配合度相当成熟,促进了营养液(简称 WFS)产业的成熟和发展。但是这些企业大部分都集中在西方发达国家,其中最有影响的有:挪威海德鲁(YARA)公司;以色列的海法(Haifa)公司;德国的普朗特(Plant)公司;美国的施可得(Scotts)公司、果茂(Grow Mort)公司、奥美施(Omit)公司;韩国的现代公司(Hyundai);加拿大的生物植物产品公司(Plant-prod)等。

截至目前,国内外关于植物营养液配方有上千种,每种配方都不能说是放之四海而皆准的,这是因为各地区、各种栽培形式、各个品种都不相同,实践证明适合的配方就是最好的配方。但各个地区都有被本地人认可的营养液配方,各个国家都有被本国人认可的配方(尽管每个地区、每个国家都有很多种配方)。

1984 年,南京农业科学院就开始研究营养液栽培技术,获得很大的成功,并向国务院做了专题汇报。得到充分肯定后,国务院办公厅专门发文——《积极探索蔬菜工厂营养液栽培新技术》。1996 年 5 月 16~18 日,农业部在南京召开了全国蔬菜营养液栽培技术现场会,明确要求正式在全国范围内推广此项技术。我国在营养液配方方面已迈出了坚实的一步,出现了很多种[20]。2009 年我国制定了营养液标准,水溶性肥料标准如表 3.2 所示,水溶性肥料产品登记技术指标如表 3.3 所示。

表 3.2　水溶性肥料标准

项目	固体指标	液体指标
大量元素含量	≥50%	500 g/L
微量元素含量	≥0.5%	5 g/L
水不溶物含量	≤5%	50 g/L
pH 值(1:250 稀释)	3.0~7.0	
水分(H_2O)	≤3%	
汞(Hg)(以元素计)	≤5 mg/kg	
砷(As)(以元素计)	≤10 mg/kg	

项目	固体指标	液体指标
镉(Cd)(以元素计)	≤10 mg/kg	
铅(Pb)(以元素计)	≤500 mg/kg	
铬(Cr)(以元素计)	≤500 mg/kg	

注:大量元素含量是指氮、磷、钾的含量之和,单一养分含量不低于 6.0%(60 g/L)。微量元素含量是指铜、铁、锰、锌、硼、钼元素含量之和。产品应至少包含两种微量元素。含量不低于 0.1%(1 g/L)的单一微量元素,应计入微量元素的含量中。

表 3.3　水溶性肥料产品登记技术指标

项目	固体指标	液体指标
微量元素含量	≥10%	100 g/L
水不溶物含量	≤5%	50 g/L
pH 值(1:250 稀释)	3.0~7.0	
水分(H₂O)	≤6%	
汞(Hg)(以元素计)	≤5%	
砷(As)(以元素计)	≤10%	
镉(Cd)(以元素计)	≤10%	
铅(Pb)(以元素计)	≤50%	
铬(Cr)(以元素计)	≤50%	

注:微量元素含量指铜、铁、锰、锌、硼、钼元素含量之和。产品应至少包含两种微量元素。含量不低于 0.1%(1 g/L)的单一微量元素,应计入微量元素的含量中。钼元素含量不得高于 1.0%(10 g/L)。

日本自第二次世界大战后就开始研究营养栽培技术,到 20 世纪 80 年代该技术已逐渐成熟。先后提出"保水膜耕"和"平坦耕"等营养液栽培技术,并产生数十种营养液配方,最著名的有园试配方和山崎配方。现提供一些营养液配方,以供参考。

1. 园试配方(通用)

(1) 果类配方:大量元素:硫酸镁 500 mg/L,硝酸铵 320 mg/L,硝酸钾 810 mg/L,过磷酸钾 160 mg/L(或尿素 400~500 mg/L),磷酸二氢钾 450~670 mg/L,硫酸钙 700 mg/L;另外,微量元素:硼酸 3 mg/L,硫酸锰 2 mg/L,钼酸钠 0.05 mg/L,硫酸铜 0.1 mg/L,硫酸锌 0.22 mg/L,柠檬酸铁 5 mg/L。

(2) 叶类植物配方:硫酸铵 400 mg/L,过磷酸钙 300 mg/L,氯化钾 400 mg/L,硝酸钾 900 mg/L,硫酸钙 650 mg/L,硼酸 3 mg/L,硫酸锰 2 mg/L,钼酸钠 0.05 mg/L,

硫酸铜 0.1 mg/L,硫酸锌 0.22 mg/L,柠檬酸钙 5 mg/L。

（3）瓜类配方:硫酸铵 400 mg/L,硫酸镁 500 mg/L,过磷酸钙 300 mg/L,氯化钾 400 mg/L。

2. 日本北村 B 配方

硫酸铵 48.2 mg/L,硫酸镁 65.9 mg/L,硝酸钾 18.5 mg/L,磷酸二氢钾 24.8 mg/L,硝酸钙 59.9 mg/L,硫酸钾 15.9 mg/L。

微量元素按 1∶1000 用量配比。

3. 格仑特配方

硼酸 2.8 mg/L、氯化锰 1.81 mg/L、硫酸锌 0.22 mg/L、硫酸铜 0.08 mg/L、钼酸 0.02 mg/L。

4. 多种参考配方[10]（仅提供大量元素配方,微量元素配方相同）

配方 1 芹菜配方:硫酸镁 0.752 g/L、硫酸钙 0.294 g/L、硫酸钾 0.5 g/L、硝酸钠 0.644 g/L、氯化钠 0.156 g/L、硫酸氢钾 0.175 g/L、硫酸钙 0.337 g/L。

配方 2 黄瓜配方:硫酸铵 0.19 g/L、硫酸镁 0.537 g/L、磷酸氢钙 0.589 g/L、硝酸钾 0.915 g/L、过磷酸钙 0.337 g/L。

配方 3 甘蓝配方:硫酸铵 0.237 g/L、硫酸镁 0.537 g/L、硝酸钙 1.26 g/L、硫酸钾 0.25 g/L、磷酸氢钾 0.35 g/L。

配方 4 草莓配方:硫酸镁 0.537 g/L、磷酸氢钙 0.515 g/L、硝酸钙 1.26 g/L、硫酸钾 0.87 g/L。

配方 5 番茄配方:硝酸钙 680 mg/L、硝酸钾 525 mg/L、磷酸二氢钾 200 mg/L、硫酸镁 250 mg/L。

配方 6 生菜配方:磷酸二氢钾 330 mg/L、硫酸镁 500 mg/L、硫酸铵 69 mg/L、硝酸钙 710 mg/L、硝酸钾 683 mg/L。

通用微量元素:螯合铁 20 mg/L、硼酸 2.86 mg/L、硫酸铜 0.08 mg/L、硫酸锰 1.054 mg/L、硫酸锌 0.22 mg/L、钼酸铵 0.02 mg/L。

营养液配方中的大量元素含量如表 3.4 所示,营养液配方中的微量元素含量如表 3.5 所示。

表 3.4 营养液配方中的大量元素含量

大量元素名称	硝态氮	氨态氮	磷	硫	钾	钙	镁
含量	13.5 g/L	0.5 g/L	6.5 g/L	3.75 g/L	9.25 g/L	4.625 g/L	1.75 g/L

表 3.5 营养液配方中的微量元素含量

微量元素名称	铁	锰	锌	硼	铜	钼
含量	15 mg/L	10 mg/L	5 mg/L	25 mg/L	0.75 mg/L	0.5 mg/L

在植物工厂里采取营养液栽培技术,能够进行水、肥同施,以水带肥,实现水肥一

体化,施肥效率高,可以减少施肥总量,发挥水、肥协同效应,使水肥利用率同步提高(因为固态施肥利用率只有 20%～30%,而营养液施肥利用率达到 60%～80%)。

采取营养液施肥,养分含量高,能使植物营养更全面。普通复合肥含肥总量在25%～50%之间,而营养液养分含量在 50%以上,还添加了微量元素,满足植物生长的全面需求。

养分的形态不同,肥效也不同,营养液中的元素几乎全都为水溶性,可以促进植物快速吸收。但是如果技术不到位,管理不善,更容易造成浪费和危害,所以在施肥过程中一定要做到少量、多次。否则,多余的养分容易流失,污染水流,同时也使成本上升。在营养液的配置过程中,还需加强营养液的管理。

5. 营养液的管理

营养液的管理是营养液栽培的重要环节。它包含营养液浓度 EC 值、酸碱度pH 值、温度和灭菌几个方面。

对于营养液的浓度的介绍前面已涉及一些,主要把握两个方面:一是各生长期不同,浓度不同;二是各品种不同,浓度也不同。根据以上两个方面,并结合实际情况,灵活掌握。

对于酸碱度而言,要掌握的"度"是必须使 pH 在 5.5～6.8 之间,pH 高于 7 呈碱性,影响植物对微量元素的吸收,容易造成黄化,要添加酸中和;pH 低于 5,植物就容易中毒受酸害,必须用碱性物质中和。因此,pH 的最佳值在 5.5～6.5 之间。

关于营养液温度要把握"三基点",即上限值、下限值和最佳值。每种植物、每种栽培方式和技术不同,"三基点"也不同,若超过上限值就要降温,若低于下限值就要增温,力求保持最佳值。

营养液中容易产生细菌,这是正常现象,一定要灭菌,保持植物的健康生长,但绝不能用化学农药杀菌,而要采用物理农业技术灭菌,物理农业技术灭菌方法很多,其中臭氧杀菌、紫外线杀菌、磁化水杀菌等最有效。

总之,由于市场需求旺盛、农业的集约化经营方式和农业对科技依赖性加大,利用营养液栽培技术仍然是主流,各种有效配方层出不穷。它最适用于现代园艺和植物工厂,具有广泛的市场。据有关资料显示,截至目前,全世界每年营养液生产量已达 560 万吨。中国营养液生产企业已有数千家,大量元素登记的有 5～20个,微量元素登记的有 1320 个,每年生产和消费已达 30 万吨。在"十二五"期间,随着植物工厂技术的普及,我国成为营养液的最大生产和消费国家。

(四) 营养液栽培形式及其设施

在植物工厂中,基质栽培尽管也使用营养液,但是以基质为主。而营养液是以水为主的,营养液栽培设施形式多种多样。

1. 立柱栽培

由 10 块外直径 20 cm(ø20 cm)、内直径 10 cm、高 18 cm 的六角形塑料盒串成一根整体立柱。每块有 6 个角，每角可栽 1 株菜，每根立柱平面面积为 63 cm²（只能栽 1 株菜），整个立柱可栽 60 株菜，即是单面栽培的 60 倍。营养液从柱的上面向下流经每个六角形塑料盒，多余的液回流至液池中。

2. 管槽式栽培

管槽式栽培可以分为多种形式，管道的材料是 PVC 管，管的粗细据栽培形式而定。上文已介绍，不再详述。

3. 平面立体多层次栽培

这是利用钢架和泡沫板（或挤塑板）制作的多层立体栽培设置（图 3.11），一般的是以 3～6 层为主。每层高 60 cm（内层高 18 cm），宽 65 cm，层与层之间的距离为 50 cm，也用 3 cm×4 cm 方管，层边沿用 3 cm×3 cm 角铁焊接而成。每层栽培池中可以是基质，也可以是营养液（绝大多数是营养液）。

图 3.11 营养液平面多层立体栽培

4. 深液流栽培

深液流栽培是典型的水培（营养液栽培）。用金属制作金属框，该框高 80 cm、宽 60 cm，长度根据需要而定。用挤塑板在柜中挤成池，然后在池中铺一层薄膜（防止漏水），在膜中注入营养液，深度为 60～70 cm，最后在液面上置一块挤塑板，就可以在挤塑板上定植植物。

营养液达到 10 cm 以上深度的叫作深液流栽培，低于 10 cm 深度的叫作浅液流栽培，这是真正的全价营养液栽培模式。

另外，还有空中栽培、廊架栽培、桶式栽培、番茄树栽培、植物王栽培、宝塔式栽培、管道栽培、梯形管道栽培、长袋式垂直栽培等栽培方式。基质和营养液的栽培方式在观光园、创意农业馆和植物工厂中可见。

第三节　雾　　培

无论是基质培还是水培(营养液栽培),相比传统露天栽培,都是农业栽培技术的一大进步,但是这些方式还存在一些不足。当雾培技术出现时,这些不足显得更加突出,雾培技术的先进性更加明显。

一、雾培的概念

雾培,就是使植物的根裸露在营养液雾化的环境中,进行快速生长的一种栽培技术。这种技术的产生,得益于自然造化给人的启示。

在大自然中,有很多植物不是生长在土壤、基质或营养液中,而是附生在岩石或树皮上,有的直接悬长于空中,形成壮观的气根。这些根盘根错节,形成在现代雨林气候下的原始森林的生态景观。特别是生长在高湿雨林条件下的榕树,气生根是它抗拒自然与适应自然所形成的生态适应性特征,是形态的演变的结果(图3.12)。从植物的起源来讲,蕨类植物是藻类植物登陆后,以假根的方式附生于岩石上,产生了特异的气生根而形成的植物种类。兰科植物、攀崖植物都具有这种气生根。气生根不是从土壤或水中吸收水分和营养的,而是从空气中吸收水分、养分。所以当空气中的湿度适合于根系或根原基发育时,这些气生根就会自然形成。这种现象在热带雨林气候中特别多见。由此可见,空气栽培是一种在植物进化过程中以及现存的特殊生境下,都会自然发生与形成的生态适应性表现。雾培技术就是一种由自然启迪,人为地创造植物适应的生态环境,使植物的根在水、肥、气同补的环境中快速生长的技术。

在20世纪40年代,法国的一位科学家为了验证植物的活性,把植物放在一个充满蒸汽的实验室中生长,结果植物根系呈爆炸性的增长,植物得到快速生长,从而证明了植物的活性,实验取得了成功。

随后,美国为了在"和平号"空间站上建立生命支撑系统,首次构思运用雾培技术种植蔬菜,并作为空间技术研究的一个重要课题。

据有关资料显示,最近几年,美国国家航空航天局(NASA)开始重视植物雾培技术,也组织相关高校科研机构进行太空食物自给的研究,研究结果认为植物工厂在天空和其他星球,只要以阳光为动力资源,就能够进行植物生产;并认识到雾培技术是微重力环境下培养植物的最好方式。NASA已设计出一个雾培植物装置,将被安放到空间站进行实验。

图 3. 12　热带雨林中的榕树气生根

美国已在空间站进行栽培实验和应用,实验取得了成功,并为宇航员解决了新鲜蔬菜供应问题。宇航员还把他们在空间站生产的蔬菜带回地面。2013 年 11 月,英国《新科学家周刊》报道称 NASA 正在开发一个含有 5 天空气用量的密封种植罐,罐内的植物种子可以在浸泡过营养液的过滤纸上发芽,这个重 1 kg 的小"温室"将成为某次不载人的登月行动中的一个付费搭载项目,行动于 2015 年底由月球捷运公司完成。

美国不仅大胆地设计了空间站气囊雾培系统,还将充气雾化和超声雾化有机结合,利用植物代谢功能转换氧气与吸收废气,形成空间栽培模式。与此同时,美国还是第一个利用雾培技术建起番茄雾培工厂的国家。

新加坡在都市农业中大力发展以家庭式庭院型、阳台型或公共场所式为主的农业,在这些场所发展绿化的过程中,都是以小型装置的雾培技术为支撑的。

以色列利用雾培技术开发出集装箱式的高度节约化的移动植物工厂,并在一个不大的集装箱中,得到了令人惊叹的数十倍于平面栽培的产量。这种方式被称为立体多层闭锁式雾培生产系统。

自雾培技术诞生后,日本在"水耕"的基础上掀起了"雾耕"热。许多原本水耕的农场也纷纷改造成雾耕农场。雾培技术已成为日本农业栽培技术发展方向。

我国生产力的发展与发达国家相比,还有一定的差距,但是我国的发展速度很快,一方面,国家重视农业的发展;另一方面,市场发展需求旺盛,很多企业已涉足雾培技术的研究和推广,现在我国已经开始把雾培技术运用在植物工厂之中。"十三五"期间,我国以雾培为主体技术的植物工厂建设出现"井喷",推动我国农业快速发展。

二、雾培技术的先进性

雾培技术之所以会被更多人的接受,能更快地发展,最根本的原因是雾培技术与其他栽培技术相比,具有更多的优越性和适应性。主要表现在以下几个方面。

(一) 雾培技术是植物工厂最核心的技术

植物对肥分的吸收,主要是以微小的矿物质离子的形式进行吸收和参与代谢活动的,呼吸也是以离子方式进行的,而氧气是植物根部呼吸、转化能量并摄取营养和水的关键。当氧气不足时,根系吸收效率就会大大降低,即使水培植物的根系浸泡在营养液中,也会因为缺氧而造成植物生长受到抑制和缺少元素。严重时还会出现烂根现象。水培植物在生长过程中必须要解决增氧问题,扩大融氧量,但这样做成本增加了,效果却不能令人满意。有人做过比较实验,证明土壤栽培只有50%以下的增氧量,基质栽培和水培只有70%的增氧量,而雾培供氧量可达到95%以上。基质栽培和水培的关键技术实现了水、肥同施;而雾培技术实现了水、肥、气同补。雾培技术优化了植物的根域环境。

(二) 雾培技术延长了植物工厂产业链

利用弥雾来繁育植物的技术叫作雾繁技术,是雾培技术的延伸。雾繁技术解决了植物工厂的用苗问题:雾繁技术使年产苗量达 15000 万株/hm^2 以上,满足了植物工厂大量用苗需求,缩短了植物工厂中的植物生长期,提高了植物工厂的复种指数和产量(图3.13)。

利用雾繁技术繁育幼苗,必须建设雾繁设施,包括育苗设施和智能设施。育苗设施包括育苗池、育苗基质、弥雾系统、植保系统、补光系统;智能设施包括信息传感系统、计算机植物专家系统、智能控制系统。

雾繁技术作为植物工厂技术的组成部分或植物工厂的配套技术,是雾培技术在种苗繁育中的应用,它保证了植物工厂的高品质、高产量和高效益的实现,是育苗植物工厂的主体技术、核心技术。

图 3.13 雾繁技术使扦插番茄苗根系呈爆炸性增长

（三）雾培技术实现了水循环利用

　　水是生命之源，尤其对缺水地区来说，节水更显重要。营养液是水和肥的融合体，节约水的同时也节约了肥，实际上就降低了成本。雾培技术在生产过程中，通过雾培装置，把多余的水回流到营养池再利用，大大节约了水、肥资源，降低了成本，而且零污染、零排放。雾培技术是一种生态技术、可持续技术；也是一种最节能的栽培技术。它的用水量是土地栽培的 1/30，是滴灌用水的 1/2，是营养液栽培的1/50。

（四）雾培技术使植物吸收水、肥更快

　　植物生长的速度取决于植物对水、肥吸收的速度和生长过程中的代谢速度。营养液栽培技术使植物的根直接处于营养液之中，植物对水分和营养的吸收率大大高于基质培。而雾培技术是把水通过水的雾化系统，使水滴更细（50 目以上），更容易被植物吸收，大大促进了植物代谢功能的发挥，所以根系无任何障碍地快速生长，植物生长得更快，产量更高，植物潜能得到更彻底的发挥（图 3.14）。

图 3.14　植物工厂中雾培植物发达的根系

（五）适应栽培的品种更多、范围更广

由于植物的生存环境不同，从而造成各种植物对环境的依赖性，这种对生存环境的依存性甚至达到固化程度。这种特性表现为根的特性。在大自然中，有的植物是依靠空气来生长的（尤其是榕树、锦屏藤、松罗铁兰等），从空气中吸收水分、氧气和养分，产生了气生根。有的植物是在土壤中生长的，在漫长的进化过程中，逐渐形成了陆生根。大自然中还有一部分植物，既不是在土壤中生长陆生根，也不是在空气中生长气生根，而是在水中生长的，从水中吸收水分和养分，长期以来逐渐适应在水中生长，而且只能在水中生长，这些水族植物的根被称为水生根。

人们在对陆生根、气生根和水生根植物的研究中发现，这些植物都具有呼吸功能，都离不开对空气中氧气的吸收。土壤栽培、基质栽培的植物所需的氧气是植物陆生根从土壤和基质的空隙中得到的。水生根对空气中氧气的吸收是靠水生植物的根或茎叶来实现的，所以绝大多数水生植物的茎甚至根都是空心的，便于吸收氧气，如水芹、水芋、菖蒲、灯芯草、芡实、香蒲、茭白、芦苇、水葫芦、莲藕、三白草、慈姑等。水生植物都是靠其根、茎、叶来吸收氧气的，水葫芦不仅通过茎，在叶和茎之间还有一个气苞来储存氧气。莲藕不仅茎是空心的，而且根部也是空心的，空心部分就是水生植物气、肥的输送通道。

基质栽培只能用于陆生根植物；营养液栽培只能用于水生植物和少量的陆生植物或气生植物；而雾培的对象包括陆生植物、水生植物、气生植物，木本的、草本的、蔓茎的植物均可，如蔬菜、瓜果、苗木、花卉、药类、牧草、水稻（图 3.15）、小麦等。利用雾培技术繁育植物苗，也能满足陆生、水生和气生的需要。

图 3.15　植物工厂利用雾培技术栽培的水稻

(六) 雾培技术在栽培形式上具有更大优势

截至目前,无论是农业最发达的国家,还是植物工厂发展最早的国家,最先进的植物工厂都以营养液栽培技术为主,其栽培形式都以平面栽培为主,只是在平面栽培的基础上,再延伸至以多层栽培为主体的立体栽培,还没有使立体栽培的效果最大化。雾培技术的产生让真正的立体栽培成为可能(图 3.16)。

图 3.16　植物工厂塔式雾培的生菜

设施内的平面栽培只是减少外界气候环境对露天栽培植物的影响,以促使植物生长速度加快来提高产量。而设施内的立体栽培增加了栽培面积。如果把平面多层的立体栽培延伸到 6 层,则栽培面积扩大了 6 倍,但成本和操作性都会存在一些问题。雾培技术的采用使这个问题变得简单。

雾培技术采用圆柱形立体栽培,若栽培柱直径为 1 m、高为 2 m,那么该圆形单层平面仅有 0.78 m² 的面积,可以栽植 20 株菜,而在这样的柱体表面上采用立体栽培,则可以定植 540 株菜,是平面栽培的 27 倍(图 3.17)。

图 3.17　植物工厂圆柱形雾培柱上的青菜

在解放军总政沙河鸟巢式智能温室内,采用栽培柱垂直栽培蔬菜,这种栽培柱直径 1 m、高 6 m,可定植 1620 株菜,栽培面积是平面栽培的 81 倍,极大地提高了植物工厂的空间利用率和产出率(图 3.18)。

图 3.18　植物工厂雾培的番茄

雾培技术是国际植物栽培的前沿技术,已充分显示出强大的生命力。我国雾培技术已配套成熟,需要农业专家们的更多关注。

第四节　潮　汐　培

　　潮汐培(潮汐式栽培)是效仿大自然的潮汐现象,使营养液像潮汐一样,流经植物的根部,然后再回流到营养液池,每隔一定时间,循环往复进行一次。这种潮汐栽培技术较之营养液栽培,又前进了一大步。在基质栽培和营养液栽培实现水、肥同补的基础上,潮汐培实现了水、肥、气同补,而且使水、肥利用率更高,生产更环保,操作更简便,植物根部环境更洁净,植物生长更快。

一、营养池的建设

　　营养池的建设是根据栽培面积的大小确定的,一般按 $60\sim75$ t/hm² 计算池的容量。池中安装一台水泵,水泵连接进水管,并向各栽培池供营养液,然后多余的营养液又通过排水管回流进营养池循环利用,而水泵的启动和停止是由一台智能控制装置控制的。

二、栽培池的建设

　　栽培池的形式多种多样,池的多少、大小都根据实际需要确定。栽培池可以用水泥建成,也可用薄膜做成;池的宽度通常为 1 m 或 1.2 m,池的深度为 20 cm,池的高处装进水管,低处装排水管。池的两边装拱棚支架,高为 1 m,支架用黑白膜封闭起来,在池底放上 3 cm 厚的海绵。

三、栽培方式的选择

　　如果进行种苗栽培,就直接把种苗定植在海绵体上;如果进行根培,就直接把根均匀地铺在池内,然后在上面覆盖一层薄海绵。

四、栽培工作流程和原理

当种苗或根定植后,控制器即可启动水泵工作,向栽培池中供液,当液面平于海绵体时即自动由排水管流回营养池;一般在夏天水泵每 10～20 min 就工作一次,每次工作时间为 10 min。这样周而复始地进行潮汐式灌溉和施肥。

潮汐式栽培技术最大限度地保证了蔬菜对水分、营养、空气的同时需求。又由于用黑白膜拱棚覆盖,隔绝了光亮,既促进蔬菜"疯长",又保持白、嫩、脆、洁的特色,还杜绝病虫害和空气污染。从而,生产出来的菜不仅外形美观,而且营养价值高,口感细腻滑脆,成为蔬菜中的佳品。

五、技术特点

潮汐式栽培技术(封闭型)适用于多个蔬菜品种,包括水芹菜、家芹菜、油麦菜、毛白菜、娃娃拳、马兰头、鱼蒿、山苦菜、空心菜、香椿、苦菊、韭黄等,以及豌豆苗、麦芽、萝卜芽、荞麦芽等芽苗菜。潮汐式栽培技术还能在各种环境下进行生产,包括温室内、温室外、地面、楼顶、有土的地方、无土的地方、零星地等。另外,无论气温高低,潮汐式栽培都可在该地区进行生产,并且是周年生产。还适于绝大多数人群进行生产,对设施要求不高,操作方便,管理简单,便于绝大多数农民掌握,易于推广,带动性快,发展潜力巨大。

六、实现多个目标

1. 节约目标

不需耕地、不怕重茬、不喷药、不除草,循环灌溉施肥,管理实现智能化;周期短,不用增温或降温、不用补光、不用增碳,最省心、省力、省工、省时、省水、省钱,是一个资源节约型的技术。

2. 高产高效目标

(1)成本最低。潮汐式栽培与土壤栽培、基质栽培、水培、气雾栽培相比,无论是设施成本还是技术成本都是最低的。

(2)产量最高。其他任何一种栽培新技术,都是使蔬菜正常生长、快速促长来获得高产的,但是潮汐式栽培却是让蔬菜在暗环境下非正常生长——"疯长",从而使蔬菜"超长",而且可以多茬连收,因而产量最高。

（3）价格最高。在多种新技术生产的蔬菜中,雾培蔬菜品质最优,而潮汐式栽培的蔬菜比雾培蔬菜更洁净、美观、脆嫩,营养更丰富,更受消费者欢迎,从而价位更高,效益最好。

3. 高品质目标

使用潮汐式栽培技术生产的蔬菜在生长过程中无任何病虫害,不需喷药,无须使用除草剂、化肥,更不用任何激素和抗生素等化学添加剂,也没有空气污染,而且蔬菜幼嫩、多汁、爽口,是最优质的有机蔬菜。

第五节　集成栽培技术

近些年,由于大规模城市化建设,大量可耕土地变成高楼大厦。能否在这些高楼的室内外墙体的表面栽培植物,把这些可利用的非耕地面积再转化为可耕地面积呢? 在科技高度发达的今天,这种创新思维是可能的,也是可行的。

实践中,如果墙壁表面采用营养液栽培技术栽培植物,需要栽培池,则必须要建设支架来支撑,这种创新没有优势和意义。如果采用雾培技术,壁上空间有限,也得不偿失。目前普遍采用基质栽培技术,即在墙体外表建设栽培架,然后把带有基质的盆苗摆放在支架上。但这样既不卫生,又不可持续,关键是无法实现智能管理。在这样的背景下,实现壁上农耕的集成栽培技术诞生了。

一、集成栽培技术的概念

集成栽培技术是一种全新的栽培技术。针对壁上农耕,我们把将海绵栽培、潮汐栽培和营养液栽培等技术融为一体的植物栽培技术称为集成栽培技术。

集成栽培技术克服了营养液水培不能实现对植物进行水、肥、气同补和雾培不能断电的缺点,集合了雾培、营养液水培、潮汐培、海绵培等技术的优点。壁上集成栽培的用电量是雾培的1/20,用水量是营养液水培的1/30,肥的利用率达到98%以上,而且能使营养液在循环利用过程中始终保持清洁。要实现壁上农耕,集成栽培技术优于其他任何一种无土栽培技术。

二、集成栽培的装置

集成栽培技术依托于与之相适应的垂帘型栽培装置。垂帘型栽培装置可分为单面栽培和双面栽培两种形式。单面栽培可以把垂帘型栽培床直接垂挂在墙面上栽培植物，垂帘型单面栽培床在室内、室外都适宜；双面栽培是把垂帘型栽培床垂挂在墙壁的侧面，与墙壁表面呈 90°，这种栽培床双面都可以栽培植物，大多适宜在室外壁上栽培。

（一）垂帘型单面栽培床

单面栽培床以长 1～2 m、宽 60 cm、厚 5 cm 为标准床，根据所需面积的不同，可以使用 1 床或多床并用。栽培床的周边可以由不锈钢方管组成长方形管框；管框中间由夹着定植棉的 2 块塑性定植板组成，与管框形成密封整体并垂挂在墙壁上。当管框与相关配套设施连接后，就可以在栽培床上栽培植物了。

（二）垂帘型双面栽培床

双面栽培床的制作标准与单面栽培床大致相同。唯一不同的是双面栽培床垂挂的角度为与墙面呈直角。所以栽培床的双面都可以栽培植物，栽培面积扩大了 1 倍，产量翻番。垂帘型双面栽培床也可以在其下面配备脚架，并在脚架上安装万向轮，形成能任意移动的栽培床。根据需要，可把每个栽培床的供水管和排水管相连接，一旦在栽培床上栽培蔬菜或花卉，就可在任意规模的立体壁上形成菜园、花园。

三、垂帘型壁上集成栽培装置的工作流程和原理

工作流程：垂帘型壁上栽培装置工作时，需要与多项设施和技术配套进行。首先，由智能控制设备启动动力装备，通过管道向栽培床管框（向上部分）供液，再由管框的上管向定植棉供液，为植物提供养分。当供液量使定植棉达到饱和时，营养液可通过管框的下部分回流再利用。

工作原理：栽培床中的定植棉具有很强的吸水性和透气性，能够保持在一定时间段不用电的情况下，不断地向植物提供水、肥、气。定植棉对每次供液起着过滤作用的同时，也对植物根部产生的分泌物起着阻滞作用，从而使植物生长得更快、更好。

四、垂帘型壁上集成栽培技术的优势

垂帘型壁上集成栽培技术是在各种无土栽培技术的基础上产生的，它克服了

其他栽培技术的不足,汇聚了各种栽培技术的优点,体现出更多优势,从而被用在特殊环境和条件下。壁上集成栽培技术通过相配套的栽培装置,在非耕地墙体表面形成可耕之处,开辟农业植物栽培的新天地;壁上集成栽培技术是一种立体的栽培技术,向空间延伸,虽然所占平面面积很少,但实际栽培面积可扩大数倍,获得更高的产量、品质和效益;壁上集成栽培技术与其他无土栽培技术相比,所占地面面积极少甚至为零,设施建设成本降低70%以上,生产成本降低50%~60%,管理成本降低50%;壁上集成栽培技术可以栽培蔬菜、花卉和香草,形成壁上菜园、壁上花园、壁上香草园,景观性、艺术性、观赏性较好。

五、集成栽培技术产生的意义

(1) 集成栽培技术把大量的墙壁非耕地面积变为可耕地面积,开辟了"壁上农业"的新天地,对我国解决紧缺的土地资源及提高资源利用率意义重大。

(2) 集成栽培技术可以广泛用于阳台农业、都市农业、海绵城市建设。非耕地壁上栽培具有隔音、滞尘、降温、减碳、增氧、增收等作用,营造城市绿肺。

(3) 集成栽培技术是一种立体的栽培技术,可年产蔬菜 60 kg/m²,是露天栽培产量的 15 倍以上,经济效益突出。

(4) 集成栽培技术是一种节地、节水、节肥、节药、节材、节省人才的生态栽培技术,也是高产、高质、高效的栽培技术。

(5) 集成栽培技术是适应范围最广的技术,可以在壁上栽培植物,壁上栽培的植物区被称为"有生命的画",被当作"充满生机的屏风"和"条幅氧气瓶";也可以在厨房里栽培,实现从生产到饭桌零距离。壁上集成栽培技术成为植物工厂中最先进的、产量最高的、成本最低的栽培技术,可以挂在闹市区、马路旁电杆和灯杆上,甚至可以在栽培床下装上万向轮,成为自由移动的菜园、花园、香草园出现在任何场所。

壁上集成栽培技术可以广泛应用于都市农业、阳台农业、观光农业、立体农业和植物工厂。

第六节　滋润栽培技术的创新与应用

无土栽培技术与传统露的栽培相比,具有不可比拟的优越性,不仅极大地提高了植物产量、品质和效益,而且降低了劳动强度、节约了资源。但也存在着需要完善和提高的方面。滋润栽培技术(简称滋润培)把无土栽培技术又提高了一步。

一、滋润栽培技术的创新与产生

营养液水培技术与基质栽培技术相比,更具有优越性,不仅提高了水、肥资源利用率,而且实现了对植物水、肥同补,使植物根系无障碍生长。但是营养液水培也存在着水、肥的利用率有限及在立体栽培时补光成本高等不足。

雾培技术是目前较先进的栽培技术。它实现了对植物水、肥、气同补(这是营养液水培无法实现的),实现了营养液循环利用,水肥利用率可达到98%以上,实现了零排放、零污染,更适应于立体栽培,产量更高。但是,雾培技术最大的不足是电使用成本高,而且不能长时间停电。

在这样的栽培技术背景下,滋润栽培技术应运而生。

二、滋润栽培技术概述

(一) 滋润栽培技术的定义

滋润栽培技术是指利用一种含水性和透气性好的物质载体,以滋润的方式(而不是启动电机直接供给的方式)不间断地对植物进行水、肥、气同补的栽培技术。

(二) 滋润栽培技术的原理

滋润培要求营养液间歇性地直接被含水性、透气性好的物质载体吸收,然后植物根系再从这种载体中不间断地、充分地吸收水、肥和气,以达到滋润植物快速生长的目的。这种含水性、透气性好的物质载体可在很短时间内吸收营养液,并在较长时间内不间断地滋养植物。

三、滋润栽培技术的应用

(一) 滋润栽培技术可以与其他栽培技术结合使用

滋润培可以与基质培结合使用,既能增加基质的含水量,延长对植物供养、供湿的时间,又能增加植物根部的透气性;滋润培与营养液栽培结合使用,既可减少用水量,又能提高水、肥利用率,且实现对植物水、肥、气同补;滋润培与雾培技术结合,可以节约用电90%以上;滋润培与潮汐培结合,可以减缓供液时对植物根系的影响,节电80%以上,还能对营养液起着过滤作用。

(二) 滋润培可以单独使用

滋润培可以用于平面多层立体栽培、槽式立体栽培和壁式立体栽培等多种栽培形式。在一体两面微型植物工厂特殊栽培形式中,滋润培技术起着其他任何一种栽培技术不可替代的作用。

四、滋润培与一体两面微型植物工厂装备

一体两面微型植物工厂装备,设计要求长60 cm,宽10 cm,高1.8 m,面积仅0.06 m²,年产200 kg以上叶菜。在这么小的地方能有这么高的产量,是因为两个面都必须栽培植物,而栽培床仅有10 cm的厚度,基质培、水培或雾培都无法使用,经过反复试验,我们创新并采用滋润培技术,并获得了成功。在此基础上,我们又设计并做出复合式一体两面微型植物工厂装备,把2个栽培床结合成整体,使产量翻番,而且成本降低20%。

滋润培在实践中也出现了多个问题:定植孔营养液外溢,既降低了水肥利用率,又影响了环境;动力泵配套问题、液流不均,出现死角,导致死苗和拆装等问题。这些问题可在实践中具体解决。

五、滋润培技术的优势

(一) 滋润培是一种资源节约型技术

滋润培用于一体两面式立体栽培,栽培床的两面都可以栽培植物,即两面的植物共用同一张栽培床,所以占地面积非常少,每1 m²可年产500 kg蔬菜。土地利用率、劳动生产率都非常高,滋润培不仅使营养液循环使用,而且不间断地、稳定地、最大化地对植物进行水、肥、气同补,使水、肥利用率提高到98%以上,而营养液栽培在进行平面多层立体栽培时,每层都需要补光,用灯多、效率低、成本高。而滋润培是呈垂面的,只需在垂面补光,光照更充分,光利用率更高;雾培技术中弥雾是在间隔很短的时间内反复进行的,每隔20 min就要进行一次弥雾,而滋润培是2～6 min进行一次,用电量更少。

（二）滋润培是一种使用更方便的技术

基质培在每一茬植物生长期结束时，要倒掉使用过的基质，下茬需要重新配制和盛盆，费工、费时、费材、费力。营养液水培，无论是建设成本还是生产成本都是非常高的。一茬植物采收后，因营养液中积累了植物根系的分泌液，所以用过的营养液必须倒掉，下茬植物须重新配制，较费工。雾培技术在使用过程中，要考虑电、泵、弥雾系统的协调等多种因素，弥雾系统要考虑压力大小、雾粒度等多种因素，还要配备用电机防止意外停电，这些工作都需专业技术人员承担。而滋润培技术使用的主要材料市场易购、价格低廉、可免维修，使用更方便。

（三）滋润培是一种应用广泛的栽培技术

滋润培应用范围非常广泛，不仅可以栽培蔬菜，还能栽培花卉和香草。不仅适应陆生根植物，还适应于栽水生根和气生根植物；不仅可以在特大型植物工厂中产业化大规模生产应用，还适应于微型植物工厂，在厨房、卧室中应用；不仅能用于室内，也可以用于户外。

第四章　植物工厂栽培形式

植物工厂植物栽培形式是由植物工厂所采用的栽培技术决定的,什么样的栽培技术决定什么样的栽培形式,也受植物工厂的功能决定。如果以高产定位,就采用雾培为主、水培为辅的技术;如果以技术示范为功能定位,就采用基质培、水培、雾培、潮汐培等多种技术栽培形式;如果以观光功能定位,就采用多种技术、多种植物、多种形式,即突出景观效益和生产效益并重。一般地讲,植物工厂是以高产、高效、高质和可持续为功能定位的,大多采用以基质栽培、营养液栽培、潮汐式栽培为主的平面栽培和以雾培技术为主、水培技术为辅的立体栽培形式,可分为平面栽培和立体栽培两种形式。平面栽培是否应归于植物工厂栽培技术之内?无论在国内还是在国外,都存在着广泛的争议,因为它不具备植物工厂立体栽培的特征、不具备植物工厂高产量的要求,但它又是一种工厂化栽培技术。我们在本书中把平面栽培形式纳入并进行介绍,以供读者参考。

第一节　平面栽培

平面栽培形式大多采用基质栽培、营养液栽培和潮汐式栽培技术。

一、基质平面栽培

基质平面栽培是在平面栽培架或栽培床上摆放着盛满基质的营养钵(距离应根据品种确定),在其中栽培蔬菜或其他植物,有的甚至还配以滴灌设施方便灌溉或施肥。就栽培面积而言,这种平面基质栽培形式与传统的栽培形式没什么区别,但它是在室内进行的,不受室外气候因素影响,栽培指数提高,则产量相应地提高,虫、草害相应地减少,所以产品品质也得到提高,而且劳动强度大大降低。

二、营养液平面栽培

营养液平面栽培一般是利用平面管道栽培床进行的,管道中含有营养液,在管道上等距离分布的栽培孔中栽培植物。营养液平面栽培使植物的根系直接处于营养液中,使植物最大限度地吸收水分和营养,提高肥、水的利用率,保证植物蒸腾和呼吸功能的正常发挥。从而最大限度地发挥植物潜能,缩短植物成熟期,达到提高产量和效率的目的。图 4.1 为营养液平面栽培的奶油生菜。

图 4.1　营养液平面栽培的奶油生菜

三、潮汐式平面栽培

潮汐式平面栽培是在平面的栽培管或栽培槽(栽培床)中栽培蔬菜或植物,每隔一段时间,营养液定时流经栽培管道或栽培槽(栽培床)中,让植物根部吸收水分和营养,然后剩余营养液又回到营养池。潮汐式平面栽培不仅对植物进行水、肥同补,还能使植物最大限度地吸收氧气,真正实现水、肥、气同补,而且实现营养液循环利用,达到零污染、零排放的生态目标,使肥的利用率达到 90%,水的利用率提高到 95%以上。

第二节　立体栽培

立体栽培可分为平面多层立体栽培、塔式多层立体栽培、圆柱形立体栽培、多面体立体栽培、壁式立体栽培和一体双面立体栽培等多种形式。

一、平面多层立体栽培

平面栽培向空间发展多个平面栽培,就成为平面多层立体栽培,每向上加一层,栽培面积就多1倍,向上延3层就多了平面的3倍,下面我们就以向上增加3层为例,加以说明。

(一) 材料

3 cm×4 cm的方钢若干根,3 cm×3 cm的角钢若干根,挤塑板若干块(每块长为2 m、宽为60 cm、厚3 cm),白膜若干。

取3 m长的方钢4根,4 m长的角钢6根,60 cm长的角钢6根,60 cm长的挤塑板12块,白膜长5 m、宽2 m,栽培泡沫板若干。

(二) 制作

制作过程分为如下几个步骤:

(1) 焊架:方钢是架子的四角,用角钢的两端分别与方钢连接,每2根为一层,层间距离为80 cm,下面一层留50 cm为脚,依次向上焊接,然后用60 cm角钢分别焊在两方钢之间,与角铁平齐。这样一个高4 m、宽60 cm的栽培架就焊成了。

(2) 制作水培营养池:用挤塑板在架的每层分别制作3个池,然后把白膜铺在挤塑板组成的池中,并注入营养液。

(3) 把打了定植孔的泡沫板放进池中,漂浮在液面上,就可以栽培蔬菜。图4.2为营养液平面多层立体栽培。

多层立体栽培形式的设施制作工艺流程为备料 → 制作 → 栽培。

多层立体水培或基质培还可以形成多层管道栽培、多层立柱栽培和多层槽式栽培等多种形式的平面立体栽培。

图 4.2　营养液平面多层立体栽培

二、塔式立体栽培

塔式立体栽培又叫金字塔式栽培或"A"式栽培。

(一) 材料

金字塔式栽培的材料分为支架材料、栽培材料和灌溉材料。材料采购要求严格。

支架材料有两类:不锈钢方管与 PVC 管。栽培材料以挤塑板(比泡沫板硬度高,使用寿命长些)为宜。挤塑板要求长为 2 m(或 1.8 m、2.4 m),宽为 60 cm(通用材料),厚为 3 cm。另外,还有轻泡海绵块(4 cm×2.5 cm×2 cm)。灌溉材料有PVC 供水管、接头、毛管、防滴漏阀和微喷头(50 目雾粒)。

(二) 制作

1. 支架制作

用电焊把不锈钢方管焊接成高为 2 m、与水平夹角 65°的"A"形支架;如果是PVC 管,就把管的两端压扁,打孔用螺杆连接起来,搭建高为 2 m 的支架。

2. 弥雾系统

把 ⌀25 mm 的 PVC 管固定在支架"A"形顶的上面,并用 4.5 mm 的钻头打孔(孔的距离为 80 cm),装上接头,接头的另一端与毛管连接(5×7),毛管的长度为

2～3 cm,毛管的另一端连接防滴漏阀,防漏阀连接微喷头。另外,还要在支架的上腰部安装 ⌀25 mm 的 PVC 管,方法相同,但毛管的长度为 30～50 cm。这样由 PVC 管、接头、毛管、防滴阀、微喷头就组成了弥雾系统(图 4.3)。

图 4.3　植物工厂塔式立体雾培

3. 栽培系统

栽培系统由挤塑板和海绵组成。首先在挤塑板上确定菜的距离(一般为 20～30 cm),然后打孔,把打孔后的挤塑板固定在支架上,要求支架两面的板的上沿要紧密相连,每两板也要紧密相连,以防雾逃出板外,栽培板与下面的水池形成密封的黑暗环境,既可防营养液流失,又可防紫外线伤害植物的根系,还可以使多余的营养液不被光照导致蓝藻生长,流回营养池再利用。接着就可以把幼苗用海绵块包附根原基部分,塞进定植孔,定植过程就结束了。

三、壁式立体栽培

壁式立体栽培需要在垂直的墙面外,离墙面 10 cm 处装一层泡沫板,然后在泡沫板与墙面之间装上供液管,在供液管上装有一定距离的雾化微喷头。在泡沫板的表面按一定距离设置定植孔,然后每个定植孔定植一株菜。工作时,供水管中的营养液雾化后向菜根部实施水、肥、气同补,确保蔬菜快速生长。

四、圆柱形立体栽培

圆柱形立体栽培,顾名思义,就是在圆柱形的立体栽培设施上栽培植物(图 4.4)。

　　圆柱形立体栽培已成为植物工厂最先进、最主要的栽培形式,它可以以单一栽培柱出现在用户家中,真正实现蔬菜从生产到餐桌零距离,也可以出现在楼顶、阳台,撑起空中农业的一片天,还可以出现在公园、街心花园、道路旁,是集绿化、彩化、美化、香化多种功能于一体的新装备,更是融城市生产、生活、生态为一体的种植形式。栽培柱具有要求高、构件多、工艺流程复杂等特点。

图 4.4　植物工厂圆柱形立体栽培

(一) 栽培柱系统的构成及参数

　　栽培柱是一个完整的集成系统,由弥雾系统、栽培系统、封闭系统和支撑系统组成。

1. 各个系统的组成和功能

　　弥雾系统由供水管、回水管、控制阀、接头、毛管、防水阀、微喷头等组成;栽培系统由镀锌网、扎带、水平管、底座圈、压膜卡、定植管等组成;封闭系统由底膜、黑白膜、挤塑板等组成;支撑系统是由镀锌网制作的。弥雾系统向栽培柱直接输送水和肥,并把水、肥液进行雾化供给植物;栽培系统是为植物提供栽培定植的载体,对植物起着固定作用,并为植物创造一个水、肥、气同补的最佳环境,能使植物根系实现无障碍生长,最大限度地吸收氧气;封闭系统对植物既有固定作用,又有防止柱体内水肥外溢的防护作用;支撑系统是由弥雾系统、栽培系统、封闭系统的组件共同发挥支撑作用的。

2. 栽培柱的制作材料及技术参数

　　栽培柱的弥雾系统、栽培系统、封闭系统、支撑系统是由多种材料科学组合构成的。这些材料的技术参数和价格与植物工厂的建设质量和成本直接关联，在同等技术参数和质量的前提下，尽量压低采购价格，但不能为了降低成本而忽视技术参数的质量要求。价格是受市场决定的，但质量技术参数却是相对稳定的。

（1）弥雾系统材料的技术参数。

① 微喷头要求为十字雾化喷头，一般颜色为黑色或灰白色，雾粒为50目，微喷头与防滴漏阀通常是配连在一起的。

② 毛管要求是完整的而不是段状的，便于按要求长度裁剪，型号为5 mm×7 mm，应与防滴漏阀配套。

③ 接头：一般为双倒钩螺纹接头。

④ 控制球阀，应与供水管配套。

⑤ 供水管为ϕ25 mm的PVC管，力求质量好的，压力要达到16 Pa。

（2）栽培系统材料品名及其技术参数。

栽培系统是由热镀锌网、定植管、海绵块、扎带、压膜卡等构成的。

① 镀锌网：它是制作栽培柱的材料，承载着柱体植物的重量，要求有一定的支持能力。因为长时间接触雾，湿度大，用铁筛网易生锈，既缩短了生命周期，又容易污染植物，降低植物品质。应选择镀锌网，使用时间更长。网孔应选择ϕ25 mm的，便于安装定植管。网径应选择180丝的为宜，低于这个规格就会影响栽培柱的柱型和稳固性。高于这个规格会加重柱体的重量不便于移动，定植管安装变得困难。镀锌网的长度通常为18~20 m一捆，宽度一般有1 m、1.5 m、2 m 3种规格，根据设计栽培柱的高度选择；若设计栽培柱高度为2 m，应选择2 m宽的镀锌网；若设计栽培柱高度为3 m，应选1.5 m宽的镀锌网；若设计栽培柱高度为4 m，就选择2 m宽的镀锌网。

② 定植管：它是栽培系统的重要组成部分，栽培柱越高，用量越大，1株菜就需要1根定植管，定植管的距离就是植物间的距离，定植管对植物起着固定作用。定植管要求是用原材料直接制成的PE管（不能用再生的，既影响植物的品质又降低使用周期）。定植管制作规格为ϕ25 mm，长5 cm，在管的一端有2.5 cm的斜面。

③ 海绵块：海绵要求是轻泡的，这是因为它的空隙弹性大，便于植物呼吸，海绵块一定不能用回收再利用的材料制作的，否则会对植物造成污染。海绵块的规格通常为4 cm×2.5 cm×2 cm。海绵块的作用是固定植物，保持潮湿度，便于植物呼吸，防止营养液从定植孔外溢。

栽培系统还包括一些小部件。如水平管，用来绑附在栽培网柱的下端，以免网柱对底座膜造成损伤，还能增加网柱稳固性；扎带，用于栽培连接和把水平管固定在网柱的一端，另外还要用扎带把供水管固定在网柱上；压膜卡，用于把黑白膜固定在网柱上。

（3）封闭系统是由黑白膜、白膜、挤塑板顶盖搭成的。

① 黑白膜：一面是白色的膜，一面是黑色的膜。栽培柱上用黑白膜，一方面是

为了保持外面的美观和清洁;另一方面是为了防止阳光紫外线对植物根系的伤害,以保持植物的活性,最主要的是防止雾粒逃逸和隔离污染。市场上有两种质量的黑白膜:一种是回收膜生产的,一种是由树脂直接制成的。对于回收膜生产的黑白膜,使用期仅有一年,而植物工厂的栽培柱上使用的黑白膜必须是由树脂直接制成的优质膜,一般使用期为 3～5 年。

黑白膜技术参数要求如下:厚度以 0.12 mm 为宜,宽度根据栽培柱的高度选择,2 m 高的柱选用 2 m 宽的黑白膜,在购买时要进行科学计算(一般来讲,栽培直径 1 m、高 2 m 的栽培柱就需要 6.28 m²)。市场上厂家是直接按重量出售的,1 kg 约 9 m²,每个栽培柱需要 0.7 kg 的黑白膜。

对于黑白膜的价格,市场上没有统一的标准,最好直接在生产厂家购买,可节约一些成本。

② 白膜,要求是 0.12 mm 厚度的非再生的食品级白膜。

③ 挤塑板:为节约成本,可购买长 2.4 m、宽 60 cm、厚 3 cm 的挤塑板,该类型挤塑板可做一个栽培柱的顶盖。

(二) 栽培柱的制作

栽培柱的制作包括弥雾系统、封闭系统和栽培系统 3 个部分。弥雾系统、栽培柱的制作工艺流程和质量管理规程如下。

1. 弥雾系统的制作

首先把弥雾系统的制作材料准备好,按照制作的程序进行流水作业,做到快捷、高效。在制作过程中,要执行质量管理规程,做到又快又好。

2. 栽培柱的制作工艺流程

栽培柱制作的工艺流程如下:

切割镀锌网—制作网柱—组合网柱(扎带连接)—网柱供水管下料—网柱供水管打孔—安装接头—安装球阀—接头连接毛管—接头连接防滴阀—接头连接雾喷头—网柱供水管扎带连接—黑白膜下料—黑白膜包附网柱(压膜卡固定)—顶盖下料—顶盖打孔—安装顶盖—安装定植管。

镀锌网切割的长度是 3.2 m,制作网柱是把已切割成 3.2 m 的网两头交叉连接,若镀锌网的宽度是 1 m,那么就要把这 2 个网柱通过扎带连接成 2 m 高的网柱,网柱是栽培柱的支撑系统。

网柱上的供水管是 ø25 mm 的 PVC 管,长 2 m,在此管一端每隔 2 cm 打一个 4.5 mm 的孔,共计 5 孔,在每个孔中装一根接头,在供水的 5 处装上 ø25 mm 的 PVC 球阀,然后在接头上装毛管,从球阀处往下分别在 5 个接头上连接 2 根 75 cm、2 根 1 m、1 根 2 m 的毛管,并在每根毛管的另一端装上防漏阀和微喷头,这是栽培柱的弥雾系统。

接下来,就把以供水管为主的弥雾系统与已制作好的网柱用扎带连接固定为一体。但要注意的是,供水管一端的接头应与网柱保持平齐。

黑白膜下料:剪下长为 3.5 m、宽为 2 m 的黑白膜,并用这块黑白膜把网柱两头齐整地包附起来,膜的两端相交于供水管处,用压膜卡把黑白膜两端接头固定在供水管上。

这样,有球阀和毛管的一端就是栽培柱的上部,直立起来。

顶盖下料:把挤塑板从中间部分锯成两半,接着把这两半的挤塑板锯成 2 个直径为 55 cm 的半圆,再拼成一个整圆,然后以圆心分别向 4 个方向的 30 cm 处,等距离打 4 个孔,孔径为 25 mm,打孔的钻头应该用玻璃钻头而不用木或铁钻头。这样再把这 2 个半圆可以直接盖在制作好的栽培柱的顶端,为了密封得更完整,需在供水管处制作 2 个半圆开口。

顶盖制作完毕,就可以把供水管上的微喷头从顶盖的几个孔中穿过,但要注意以下 2 个方面:① 把 2 根长 75 cm 的毛管喷头伸进离供水管最近的 2 个孔,把长 1 m 的毛管喷头伸进离供水管远点的两个孔内,在圆心处,把长 2 m 的毛管喷头伸进去并垂直下去。② 在安装毛管喷头时,把喷头安装在顶盖的下面位置,应确定使防滴阀紧挨顶盖的孔下沿,并将打孔时的塞子仍塞进原孔中把毛管固定住。

这 5 个喷头的作用:栽培柱内上面的 4 个喷头和中间的喷头是向柱内弥雾的,这样使菜没有死角地接受水和肥,同时,还能最大限度地吸收氧气。

当栽培柱的弥雾系统、栽培系统和封闭系统全部安装完毕后,就可以把栽培柱移到柱池中。各个栽培柱间隔 1 m 分别排列,与总供液管连接。到此,栽培柱就制作完毕。图 4.5 为特大型植物工厂立体栽培柱群。

图 4.5　特大型植物工厂立体栽培柱群

（三）栽培柱制作过程中的质量管理

在栽培柱的制作过程中，要严格按照质量管理规程进行操作；在条件允许的情况下，栽培柱的制作完全可以形成流水作业。这样便于实现质量管理和工作的量化管理，便于质量监督与验收。

工艺流程的每个环节，都要由技术监督人员监督质量、行政管理人员验收数量。一般来讲，在设施制作的过程中，制作员工、技术监督人员和行政管理人员组成一个管理体系。

在每个环节的生产制作过程中，首先由某一环节的生产工人把关，如果认为达到要求了，就转入下一程序，但若下一个程序执行者对上一个程序有质量问题的疑问，就应该向上一个程序的执行者提出建议，使其改正，直至达到要求后再进行下一个程序。如果出现问题没有及时指正，盲目接受，当再进行再下一个程序验收时，问题就应该由自己负责返回并承担责任。当上、下工序员工意见不统一时，应由技术监督员和行政管理人员负责判定和指导解决。整个质量管理流程为：生产每一个环节、每一道工序层层验收、节节把关，当出现问题时，技术监督人员应当帮助解决；当质量合格时，行管人员就予以登记验收。从而保障所有工序质量合格。

图 4.6　植物工厂多面体立体栽培

五、多面体立体栽培

多面体立体栽培是指根据地形和设计要求，设计出正方形、长方形、五边形或六边形等多面立体栽培形式（图 4.6）。

多面体栽培形式的设计要求为：① 有稳固的支架支撑；② 使用轻便防水的泡沫板；③ 采用雾培技术；④ 高 3~6 m。

多面体栽培的特点为：操作更简便，空间利用更大，景观效果更好。

（一）正方形多面体栽培

正方形多面体栽培可在柱体四周栽培，其设施是由栽培支架、栽培面板和弥雾系统组成的。

1. 栽培支架

以高 2.4 m 的正方形栽培体为例。材料：4 根长为 2 m、直径为 2.5 cm 的不锈钢,8 根长为 2 m,直径为 0.57 cm 的不锈钢管。制作:分别在长管的两端用 2 根短管焊接成长方体支架。

2. 栽培面板

材料:挤塑板 4 块,长为 2.4 m、宽为 60 cm、厚为 3 cm,1 块边长为 60 cm 的挤塑板。制作:在挤塑板上打孔,孔距为 3 cm×3 cm 或 4 cm×4 cm,分别把 4 块挤塑板固定在支架的外围,小块的板在正中心打一孔,距中心孔 20 cm 处呈正方形分别打 4 个孔,然后把小板固定在支架的顶部。

3. 弥雾系统

弥雾系统由供液系统和雾化系统组合而成。材料:供液系统包括直径为 2.5 cm 的 2 m 长管 1 根、球阀 2 只、弯头 2 只。雾化系统:接头、毛管、微喷头。制作:雾化系统安装在供水管上组成弥雾系统,再把雾化系统固定在支架上,接着把 5 个雾化喷头从方形挤塑板的 5 个孔中穿入栽培体,即可投入生产。

(二) 长方形多面体栽培

1. 材料

长方形多面体栽培的设施制作程序与正方形大致相同,只是长度变了,如设计高 4 m、宽 60 cm、长 6 m,那么支架不锈钢管需要 6 根高度为 4 m 的、6 根高度为 10 m 的、12 根高度为 55 cm 的,挤塑板 44 块(支架的正、背面各 20 块,左、右、上、下各 2 块),供水管 30 m,微喷头 38 只(80 cm/只)。

2. 制作

① 支架制作:把 4 m 长的管每 2 根自上向下用 55 cm 短管 4 根等距离连接,再用 6 m 的管与已接的 3 组管自上而下等距离连接,就组成长 6 m,宽 60 cm,高 4 m 的双面支架。

② 栽培板制作:在每块栽培板上按要求确定定植点,然后在定植点上打定植孔。

③ 弥雾系统制作:在栽培架上自上向下安装 3 排供水管(10 m),在供水管上每隔 80 cm 安装 1 个微喷头。

④ 整体组装:先将弥雾系统连接供水主管,再将栽培板在支架的四周进行循序固定,最后调试,并进行定植生产。

(三) 五边形、六边形多面体栽培

五边形、六边形多面体栽培,一般在观光型植物工厂使用,设施制作流程和材料与前两个多面体基本相近,五边形、六边形的每一面栽培板的数量都是相等的,栽培的空间利用率更高,但补光灯使用量需增加。

六、塔式多层立体栽培

为了追求更高的产量和效率,人们在平面多层立体栽培的基础上又创新了一种塔式多层立体栽培的形式。

这种栽培形式是把塔式立体栽培与平面多层立体栽培相结合,在栽培架的每一层安装塔式栽培装置,这样使每层的平面都变成塔式。塔式多层立体栽培与塔式立体栽培、平面多层立体栽培相比,产量和效率成倍数提高,栽培架每提高一层,栽培面积就提高一倍,达到增加立体面,提高产量和效率的多重目标。

塔式多层立体栽培(图4.7)形式的主体栽培装置是平面立体栽培架,栽培架的高度是根据栽培层次的多少决定的,栽培架的宽度和层高是根据塔式栽培架的高度确定的,通常为1~1.2 m,栽培架的最下面一层是由挤塑板围成的营养液池,营养液池的深度是由总需液量确定的,营养池实际上就是一个深液流栽培床,液面上的栽培板栽培蔬菜类植物,植物的上方是栽培架的第二层的下面板,安装着LED补光灯,为下面的植物提供光照。栽培架第二层的平面支架上安装着塔式栽培设施,这种栽培设施主要是由两块挤塑板(或泡沫板)即栽培板构成的。塔式栽培主要采用雾培技术,由栽培板的背面安装的弥雾系统向植物裸露的根部进行水、肥、气同补以促进植物生长。

图 4.7　塔式多层立体栽培

塔式多层立体栽培的供液系统通过智能控制系统启动动力泵,经过输液管道向每层塔式栽培设施提供营养液,然后多余的营养液又回流进营养池循环利用,栽培架的第二层以上每层都是塔式立体栽培,采用雾培技术供液,每层架的背面都安装着LED补光灯为下层植物补光。

七、一体双面立体栽培

一体双面立体栽培,就是一种在垂帘型栽培床的正反两面都栽培植物的栽培形式,是集成栽培技术的一种形式。这种垂帘型一体双面栽培床的工作原理为:植物根系能不断地从栽培床定植棉中吸收水、肥、气营养而不是靠水泵不停工作;营养液通过供、回水管回流循环再利用;智能控制系统进行生产智能管理。一体双面立体栽培形式集合了多种栽培技术的优点。

垂帘型一体双面立体栽培与其他多种栽培形式相比具有很多优势,详见集成栽培技术。这种栽培技术是在各种无土栽培技术基础上产生的,依托与其相配套的栽培装置,克服了各种栽培技术的不足,汇集了各种栽培技术的优点,从而被用在特殊环境和条件下,如壁上农耕。

八、方柱式立体栽培

(一) 概述

(1) 整体形状:方柱体。

(2) 装备结构:由智能装备、上顶盖、栽培床、下底盖、液池等组成。

(3) 系统结构:由智控系统、栽培系统、弥雾系统、循环系统、动力系统、栽培支撑系统等组成。

(4) 技术集成:融装备制作技术、栽培技术、雾培技术、营养液配方技术、生物技术、强磁技术、液循环技术和智能控制等多种技术为一体的集成技术。

(5) 技术特征:立体、节能、有机、智能。

(6) 装备特点:微、精、美、惠。

(二) 工作原理

由智能控制器控制水泵,通过供液管、毛管、微喷头向栽培床内植物的根系弥雾,对植物进行水、肥、气同补,来促进植物根系爆炸性地增长,达到高产、优质、高效目标。

（三）应用范围

（1）方柱式立体栽培形式可以用于栽培青菜、生菜、茼蒿、空心菜、油麦菜、苦苣等百十种叶菜，可以栽培矮牵牛、三色堇、万寿菊等所有草花，可以栽培薰衣草、迷迭香、百里香、罗勒等几十种香草。一套装备就可构建一座微型菜园、花园、香草园或氧吧。

（2）家庭：方柱式微型植物工厂装备由于占地小，适宜于家庭客厅、厨房、书房、卧室栽培以及楼顶、阳台、门前栽培。

（3）社会：方柱式微型植物工厂适宜咖啡屋、生态餐厅、工作室、办公室、会议室、酒楼、宾馆、医院、学校、企业、事业单位以及娱乐场所、公共场所、喜庆场所；适宜智慧城市、花园城市、森林城市、低碳城市建设；适宜家庭微农业、都市农业、有机农业、生态农业、景观农业、观光农业建设。

（四）效益分析

方柱式微型植物工厂装备，栽培床每边长 60 cm，柱高 1.8~2 m，平面面积为 0.36 m²，每个立面可栽 120 株菜，每批可栽 480 株，每套装备可年产 500 kg 菜，是传统农业产量的 100 多倍；可吸收 2300 kg 空气中的碳；水、肥利用率达到 98% 以上；比平面多层植物工厂成本降低三分之二以上；农药、除草剂成本降低为 0。方柱式微型植物工厂组合式装备，每平方米年生产量可达 1 吨。

（五）特色和意义

1. 实现了蔬菜生产、消费零距离

① 智能化生产：智能系统自动控制营养液输送、弥雾，循环再利用，零排放，零污染，生态环保。②网络化管理：通过物联网、GPRS 通信网、无线网、云平台、移动互联网，实现了温湿度远程检测、视频远程监控。③智能农业目标：水、肥资源利用率达到了 98%，在 0.24~0.36 m² 的土地上年产 500 kg 菜，创造了比传统农业数十倍以上的生产率和极高的土地利用率，达到了智能农业目标。

2. 共性技术突破

国内外植物工厂普遍采用平面多层立体植物工厂装备，使用营养液水培技术、人工补光技术，每平方米造价在数千元甚至数万元，高成本、高耗能是制约智能植物工厂可持续发展的瓶颈，是植物工厂普遍存在的共性问题、关键问题。宣城市赐寿植物工厂有限公司具有自主知识产权的方柱式、圆柱式、两面式多种形式的智能植物工厂装备，是植物工厂智能装备技术的重大突破，真正实现了植物生产"条把思路、套把装备、千把块本、个把平方米、吨把重菜、万把块钱"的目标。

图 4.8 方柱式植物工厂装备

九、两面式栽培(微型)

两面式栽培(微型)是一体双面立体栽培的特殊形式。

其设备包括液池、底盖、栽培室、栽培床、弥雾系统、顶盖、智能控制室等部分(图 4.9)。液池通过底盖连接栽培室,栽培室内安放栽培床,栽培室上面放顶盖,顶盖下安装弥雾系统,顶盖上是智能控制室,安置智能器材。液池中水泵通过供水管连接弥雾系统。本设备栽培床两面分别栽培植物,通过智能控制启动水泵供液,弥雾系统向栽培床中两面植物根系实现水、肥、气同补,多余的液回流入池,循环再利用;栽培室壁上的 LED 灯为栽培床上的植物补光,栽培室壁的下方设风扇,保持空气纯洁和二氧化碳增补,栽培室内安装有智能摄像仪和多种环境因子传感器。智能控制系统实时收集、传输数据和视屏通过云平台到达手机、电脑终端,实现远程检、控。两面式栽培就是在一张立体栽培床的两面都能栽培植物,而且只需一个营养池、两面安装补光灯即可生产。在生产中,我们用两面式栽培形式代替了平面多层式立体栽培形式。

图 4.9　宣城市赐寿植物工厂有限公司两面式栽培智能装备

　　两面式植物工厂装备结合与之相配套的雾培技术，代替平面多层式植物工厂的营养液水培技术，实现了对植物进行水、肥、气同补。

1. 两面式植物工厂的优越性

　　两面式植物工厂与平面多层式植物工厂相比具有一定的优越性。

　　(1) 工作流程。两面式植物工厂装备，在生产过程中，首先由智能系统启动水泵，通过供液管向栽培床供液，再由弥雾系统对植物根部进行弥雾，实行水、肥、气同补，从而使植物根系呈爆炸式生长，多余的液又回流进液池循环再利用。

　　(2) 节约资源。两面式植物工厂装备，实现了养液循环利用，零排放。水、肥、利用率提高到 98% 以上，一张栽培床正、反两面都栽培，利用率提高了 1 倍，相比平面多层式植物工厂装备，补光灯减少了大部分，设施器材也大量减少。大大降低了植物工厂建设成本和生产成本。

　　(3) 效益分析。由于创新了两面栽培形式和采用了雾培技术，生产效益显著提高(图 4.10)。

　　以具体生产实践为例：一般情况下，两面式植物工厂装备栽培床高 2 m，长 1.2 m，宽 15 cm，占地平面积 0.18 m²，栽培床的一面一茬可栽 240 株菜，两面共可栽 480 株，每株收获时平均以 0.1 kg 计算，每茬可收 48 kg 菜，一年可种十茬，这样一年可产 480 kg 菜。突破了植物工厂普遍存在高成本共性问题，创造了农业生产更高效益。

图 4.10 两面式立体栽培

（4）应用广泛。两面式植物工厂设备具有较大的灵活性，高度可以提高，也可以降低；长度可以缩短，也可以延长；规模可以是特大型植物工厂，也可以单套建成微型植物工厂。具有占地面积小、成本低、产量高、易操作、应用广等特点。可以栽培多种香草、叶菜，也可以栽培草花、草药、草果类植物；可以建在客厅、卧室、厨房、办公室，也可以建在阳台、过道、楼顶；可以建在酒吧、宾馆、食堂、超市，也可以用于道路隔离带、景观带，还可以用于道旁绿化、彩化、香化；其用途极其广泛。

2. 存在问题和解决途径

（1）两面式立体栽培只是植物工厂多种栽培形式其中之一，采用的雾培技术，最大的不足是不能较长时间停电。应保障正常供电或者采用备电措施，以保证设备正常工作。

（2）现阶段植物工厂环境智能管理技术已经配套成熟，但是远程控制技术尚在研发之中，家用两面式植物工厂的远控技术尤为重要，这是两面式微型植物工厂走进千家万户厨房必须解决的问题。不过远控技术发展很快，两面式微型植物工厂远程控制问题，可能很快就会得到解决。

3. 市场与未来

两面式植物工厂设备的创新，解决了植物工厂普遍存在的高成本共性问题、关键问题。有利于走进千家万户，解决蔬菜安全生产问题和实现与消费者零距离；有利于使植物工厂真正实现商业化、产业化。未来植物工厂将无处不在。

第三节　生存艺术栽培

随着社会的发展,人们生活水平不断提高,但依然应该关注生存问题,必须看到我们只拥有全球 7％的资源,却要养活世界上 20％的人口,这是个生存问题[21]。农业既包括生产又蕴含文化——乡土文化、下层文化、根本文化;还形成景观——乡土景观、生态景观、自然景观;更具有艺术性——生境的艺术、永恒的艺术、生存的艺术。

传统农业社会,人们在平原、高原、水面、山坡造田农耕,生产赖以生存的食物。特点是:露天栽培、有土栽培、平面栽培,是粗放式农业;现代农业由于生产力的发展、经验的累积、技术的提高,人们在大棚内、支架上、水里面、基质中造田农耕,生产食物。生产方式是设施栽培、无土栽培、立体栽培。现代农业是精准农业,最具代表性的是最高级农业生产系统——植物工厂。在科技日新月异的时代,人们又尝试着开拓新形式的农田,进行更先进、更高产量、更多功能、更高效益的农耕,这就是露天型植物工厂新技术——生存艺术栽培技术。

一、生存艺术栽培概述

生存艺术栽培是首次提出的全新概念。它要回答和解决的问题是:为了生存,必须寻找新的地方造田,生产安全食品、健康食品。生存艺术栽培是在原乡土文化、乡土自然景观、乡土自然生态的基础上,在传统农耕方式无法进行生产的原生态系统中,进行造田、耕种、播种、栽培、施肥、灌溉、收获等农耕活动,这种进行安全食品生产的行为叫作生存艺术,这种生存艺术的栽培方法叫作生存艺术栽培。

生存艺术栽培是从更宽的视野、更高的层次、更大的空间、更先进的模式进行规划设计的,是植物工厂栽培技术的补充、完善、发展和创新,是生态的高级复合系统,是保健型农业、营养型农业、工艺型农业、休闲型农业、观光型农业的集中体现。图 4.11 为天安门广场祥云栽培柱群。

图 4. 11　天安门广场祥云栽培柱群

（一）生存艺术栽培技术的定义

生存艺术栽培技术是指在乡土自然生态系统中,利用传统栽培技术无法农耕的环境空间进行农耕的一种生产安全食品的新型栽培技术。生存艺术栽培技术的特点就是露天栽培、立体栽培、高效栽培、艺术栽培。

（二）生存艺术栽培的意义

生存艺术栽培是传统农耕文化、农耕技术、自然乡土生态系统与现代农业生物技术、栽培技术、园艺技术、景观技术、节水节能技术、设施技术、智能技术的结合体,是多种技术的综合集成。生存艺术栽培技术拓展了农业生产的空间,解决了传统农业中不可能解决的难题,是露天植物工厂立体栽培的新突破,实现了现代农业的社会、经济、示范、科普、景观、艺术等多重效益。

（三）生存艺术栽培分类

生存艺术栽培可分为 4 种类型:悬崖型生存艺术栽培、天柱型生存艺术栽培、幕墙型生存艺术栽培、垂帘型生存艺术栽培。

二、悬崖型生存艺术栽培技术

(一) 悬崖型生存艺术栽培技术的定义

悬崖型生存艺术栽培技术是在悬岩壁上造田农耕的技术。悬崖峭壁在不依赖任何现代技术设施设备的情况下,是无法靠近的。在这样的地方进行造田农耕,在传统农业中是不可能实现的。但是,利用悬崖型生存艺术栽培技术进行现代农耕是可能实现的。

(二) 悬崖型生存艺术栽培的工艺流程

在悬崖上进行现代人工造田,进行生存艺术栽培的流程如下:架设攀崖人工软梯—选择造田器材适合固定点—在崖面铺设定植棉—在棉面上铺设固棉网—在网面上铺设塑料膜—在膜面上安装定植孔—在孔中定植植物—在崖的上部布设供液系统。

悬崖生存艺术栽培的"田",就是由定植棉、固棉网、塑料膜和定植管构造的。定植管对植物起着固定作用,专用塑料膜起着防止液体外溢和紫外线对植物根部的伤害,固定网对定植管和定植棉起着固定作用,定植棉是植物生长的"土壤",其中含有营养液,为植物提供生长所需物质。

(三) 悬崖型生存艺术栽培的工作原理

悬崖型生存艺术栽培的"田",是由微电脑智能系统来"耕"的,智能系统启动动力泵供液系统向定植棉输液,保证定植棉有最佳的液量以供植物生长需求。植物根系在定植棉中拥有最佳的生长环境,能够无任何障碍地快速生长。

三、天柱型生存艺术栽培

(一) 天柱型生存艺术栽培的定义

天柱型生存艺术栽培是指在很高的人工柱体上进行的植物栽培。人工天柱体就是"农田",在天柱体上进行的植物栽培、灌溉、施肥就是"农耕",这些是传统农业栽培技术无法实现的。

（二）基础和条件

　　天柱型生存艺术栽培原先只是人们的一种想象,后来逐渐向实践迈进,直至技术成熟。这种想象、模拟、实践到成功的过程,就是天柱型生存艺术栽培技术产生的基础和条件。目前,这种技术已逐渐完善、配套成熟。奥运村、博鳌论坛(图4.12)、天安门等广场耸立的花柱最具有典型性和代表性,标志着我国天柱型生存艺术栽培技术已实现。

图4.12　博鳌论坛广场天柱型花柱

　　不过,这些天柱上的花卉大都是假植的绢花,也有些是基质盆花卉,作为节假日庆典活动的装饰品,还不能真正用于实际意义上的可持续生产。天柱型生存艺术栽培是其发展的必然。

　　天柱型生存艺术栽培可以单柱独立进行,也可以由天柱组成“森林式”生产,使立体栽培效率最大化,这是在设施植物工厂中无法进行的最高效率的生产。

（三）天柱型生存艺术栽培的设计与器材

　　天柱型生存艺术栽培在设计时,首先应确定位置,再确定柱的直径、高度、工艺造型、工艺流程和器材。器材包括固柱的钢材、柱体的主材镀锌网、包覆柱体的黑白膜、固定植物的定植管、供液系统管材、弥雾系统的微喷器材、管理控制系统的智能装备和所需要定植的植物等。

(四) 天柱型生存艺术栽培的工艺流程

天柱型生存艺术栽培设施建设工艺流程的制定,主要是根据其采用的栽培技术确定的。天柱型生存艺术栽培只能采用基质栽培和雾培两种栽培技术。基质培工艺流程适宜标准天柱体,而不适宜各种工艺变形的天柱体,因为基质是有重量的,营养液栽培更不适用天柱立体栽培,只有雾培技术适用多种工艺形体的天柱体。天柱型生存艺术栽培设施建设工艺流程如下:

固基—支架—制作柱体—覆膜—安定植管—定植—布设供液管道—弥雾供养。

(五) 天柱型生存艺术栽培的工作原理

天柱型生存艺术栽培由智能控制系统启动供液系统、弥雾系统,对天柱体内植物的根系进行弥雾供水、供肥、供气,促进植物快速生长。

(六) 天柱型生存艺术栽培的优点

天柱型生存艺术栽培具有较传统形式的露天栽培无比的优越性,具体表现如下:

(1) 高产量。天柱型生存艺术栽培,柱体一般高为 6～10 m,栽培面积向高空拓展,是平面露天栽培面积和产量的数百倍。

(2) 高品质。由于天柱型生存艺术栽培向空中延伸,植物受各种污染因素减少,病虫害也应相应减少,无须喷农药和除草剂,所以品质得到极大提升。

(3) 高效益。天柱型生存艺术栽培接受光照更充分,光合利用率更高,碳水化合物积累更快,生长周期更短,栽培效益更大。

四、幕墙型生存艺术栽培

(一) 定义

幕墙型生存艺术栽培,就是一种利用宽大的墙体表面或人工支架式幕墙立体表面,采用无土栽培、智能管理等技术集成进行植物立体栽培的技术。其特点是栽培面积大、栽培量多、景观性强、艺术性造景空间大,便于形成立体感极强的震撼效果。

(二) 幕墙型生存艺术栽培设施制作工艺流程

法国著名植物学家布兰克制作了幕墙垂直栽培设施,其流程是:① 在墙面铺设铝制框架起固定作用;② 在支架上铺设一层塑料隔水膜;③ 在膜表面铺上一层合成纤维毯,以便于植物扎根;④ 在建筑表面布设灌溉系统,向植物供水供肥。此后,大多数墙面垂直栽培都采用布兰克模式。这种模式有可借鉴之处,但也有需要改进的地方。合成纤维毯作为植物扎根的"田",根系会受到一定阻碍,根部对氧气的吸收受限,纤维毯吸水后的重量会加大支架的承重,时间长了纤维毯上会滋生很多病菌,影响植物品质和生长,毯的外面无防护,光照会使其表面产生蓝藻。而幕墙型生存艺术栽培使用海绵代替纤维毯,更轻便,更具透气性,植物根系更易生长,成本也更低,操作更方便。

幕墙型生存艺术栽培设施的制作工艺流程是:① 用固定网直接把海绵固定在墙面;② 用专用塑膜覆盖并固定在网上以防紫外线伤及植物根系;③ 植物直接通过定植管定植在膜网上,并使植物根系与海绵接触;④ 在幕墙上方直接通过供液系统向海绵体供液让植物根系吸收。

(三) 幕墙型生存艺术栽培状况与实践

近几年来,一种墙面垂直栽培技术应运而生,墙面景观艺术性栽培在实践中不断完善、提高和发展。2011 年,南京农业嘉年华展示了南京农业大学的高 5 m、长 15 m 的屏幕式墙体栽培;幕墙上生长着郁郁葱葱的植物,甚是壮观,吸引了很多观众驻足观看。日本爱知世博会展示了高 12 m、长 150 m 的绿色植物生命之墙,汇集全球最新绿化技术,视觉冲击力极强。上海世博会主题馆更为壮观,绿墙面积是爱知世博会幕墙的两倍(图 4.13)[22]。

图 4.13 上海世博会超大型幕墙栽培

目前世界各地出现各种不同规格的墙面栽培景观,涌现很多屋顶绿化、垂直栽培、墙体栽培、空中农业等专业公司,市场上还有很多墙面栽培所需的设备与器材出售。

目前绝大多数墙面垂直栽培采用基质栽培技术,在不断的实践中证明,墙面垂直栽培技术是可行的。墙面垂直栽培是幕墙型生存艺术栽培的基础,幕墙型生存艺术栽培是墙面垂直栽培的完善和发展,滴灌是其常用技术,雾培技术是幕墙型生存艺术栽培的核心技术,雾培技术更节能、更生态、更适合植物快速生长,使幕墙型生存艺术栽培更具艺术性和生命力。

五、垂挂型生存艺术栽培

悬崖型、天柱型、幕墙型生存艺术栽培是以悬崖、柱体、墙面或人工支架为依托而实施的生存艺术栽培。而垂挂型生存艺术栽培是一种无任何依托,直接把被"耕作"的"田"垂挂于空间,并在垂挂的"田"中进行的"农耕",难度更大、科技含量更高。

(一) 定义

垂挂型生存艺术栽培是一种利用现代农业集成技术,使植物在垂挂着的"田"中生长的栽培技术。

(二) 设施制作工艺流程

垂挂型生存艺术栽培有两个关键环节,即"造田"和"挂田"。"田"因为要"挂"起来,所以要求"田"的重量要尽量减轻。目前,国内已有人用"网式栽培毯"来代替"田",并把栽培毯固定在人工支柱上,然后在"毯"上栽培植物。这是一种很富有想象力的农业创意! 2008 年昆明世博园花园大道中心位置,仿照郑和下西洋的宝船,建起了一帆风顺的巨型花船(图 4.14)。花船长 30 m、船高 17 m,船和帆是由 4万盆鲜花装扮而成,吸引了无数人的目光,这就是垂挂型生存艺术栽培的早期佳作,堪称一绝!

垂挂型生存艺术栽培设施的制作流程为:① 在海绵体的两面分别用镀锌网固定成整体。② 分别在两面网上覆盖专用膜,以防营养液外溢和光照伤及植物根系。③ 在两面膜上安装定植管栽培植物。④ 在确定的位置处立垂挂柱或垂挂的"横梁"。⑤ 在垂挂的上方,布设供液系统,向栽培设施供液。⑥ 在垂挂着的栽培设施定植管中定植植物。

图 4.14　昆明世博园花船垂挂式栽培

（三）垂挂型生存艺术栽培技术原理

垂挂型生存艺术栽培，是一种一体双面的"栽培田"，两面的植物共用同一块"田"，这种"田"与网式栽培毯相比，栽培面积增加了 1 倍。垂挂型生存艺术栽培的"田"的核心材料是定植棉。它的作用是由供液系统提供营养液，再向其两面栽培植物根系提供营养，以促进植物生长。

六、生存艺术栽培的应用与意义

生存艺术栽培与传统农业露天平面栽培相比，栽培面积和产量呈数十倍乃至数百倍扩大与提高，植物品质大大提升，耕作成本却大大降低，具有不可比拟的优越性。

生存艺术栽培，无论是悬崖型、天柱型、幕墙型还是垂挂型栽培形式，都使用的是无土栽培技术，体现了植物工厂栽培的技术特征；生存艺术栽培采用向空间立体发展的形式，体现了植物工厂立体栽培特征；生存艺术栽培在自然乡土生态系统中，依托各种特殊设施进行栽培，体现了植物工厂的设施化特征；生存艺术栽培的免农药生产、省力化生产、节水灌溉、智能管理，体现了植物工厂的节能化特征；生存艺术栽培采用集成技术，在特定生境中，取得高产量、高品质、高效益，体现了植物工厂的根本特征；生存艺术栽培使传统乡土自然景观与现代农业栽培技术、景观技术、园艺技术充分融合，体现了植物工厂的多功能特征。所以说，生存艺术栽培属于植物工厂范畴，是露天型植物工厂，而且栽培品种更多、空间利用率更高、适应环境范围更广、更贴近自然生态、生产成本更低，是植物工厂技术的延伸与突破。生存艺术栽培将会更多地在观光农业、景观农业、创意农业、生态农业、园艺农业、家庭农场和未来农业中得到普及和应用,将会更多地出现在公园、广场、重大节庆举办地等场地。

第四节　高楼式垂直栽培

据专家预计,到2050年全球城市人口的比例将提高到80%。随着城市人口的激增,越来越多的国家开始研究市内农业技术。然而,城市的绿化空间本来就极为有限,不可能再有多余的水平空间用于农业种植,一种高楼式垂直栽培概念应运而生。

高楼式垂直栽培是利用高楼型设施自上而下地进行植物栽培。这种栽培形式把立体植物工厂上升到前所未有的高度,这种类型的植物工厂是最直观的立体栽培,空间利用率最大,景观效益最好。高楼式垂直栽培把土地利用率提高了数百倍甚至上千倍。高楼式垂直栽培是一种在植物工厂基础上发展起来的超高产栽培模式,是植物工厂向空中进一步拓展、延伸和发展的最高表现形式,是工程技术在植物工厂中的应用,人们把这种高楼式的垂直栽培植物工厂又叫作垂直农场。图4.15为新加坡已投入生产的垂直农场。

图 4.15　新加坡已投入生产的垂直农场

关于高楼型垂直农场的概念,最早是由美国科学家迪克森·德斯波米尔提出的,并设计出模型,后来得到世界各国学者的响应。2007年美国举行未来农业设计大赛,许多建筑设计师提出并设计了垂直农场的方案。有26个设计项目入选,根据设计师们提出的方案,垂直农场不仅可以在城市里找到农业种植的空间,而且还可以作为城市一景,为美化城市做出贡献。以下介绍一些颇具创意的垂直农场或绿色摩天大楼的设计方案。

一、美国"推进达拉斯"

2009 年 5 月,美国达拉斯举办了一场名为"达拉斯远景"的国际设计大赛。大赛的目的是找到一种可持续的城市建筑模式。来自葡萄牙里斯本的阿特利尔·达塔(Atelier Data)和莫夫(Moov)所设计的"推进达拉斯"方案成为获奖作品之一。在"推进达拉斯"方案中,整栋建筑就好似一座覆盖植被的小山,内部包括住宅公寓、咖啡馆、体育馆、日常护理场所以及其他公共空间。这座"小山"似的建筑其实就是一个集农业生产、能源自给、生活居住等多种功能于一体的综合城市社区。达拉斯市政官员对这个方案倍感兴趣,并最终采纳了它。"推进达拉斯"模式的建筑于 2011 年左右开始动工兴建。

二、丹麦罗多弗雷"空中村庄"

丹麦罗多弗雷自治市计划打造一种新型的居住城区,于是他们公开向所有建筑设计师发出了设计竞赛邀请。最终,荷兰 MVRDV 建筑设计事务所和丹麦 AD-EPT 建筑设计事务所合作设计的"空中村庄"方案在竞赛中获胜。根据设计方案,"空中村庄"大厦将是一种多用途的建筑,是一个集办公、居住、零售、生活等多种功能于一体的全新都市生活空间。整栋建筑将由一个个立方体形状的格栅组成,每个立方体格栅围绕建筑的中心主轴而灵活分布,可以根据需要进行调整。它看起来好像堆积起来的积木,设计师们将它形容为一个"垂直村庄"。在这种全新的未来派建筑上,分布着许多平台式的空中花园。这样,人们即使居住在摩天大厦中,也有机会欣赏美丽的花园和绿色的草坪。除此之外,"空中村庄"还有许多生态友好型设计,比如污水再利用系统、能源生产设备等,而且建造这种建筑的混凝土也是一种可再生物质。

三、法国巴黎"垂直农场"

在法国巴黎,建造一个"垂直农场"似乎显得尤其重要。但是,在巴黎城众多的历史建筑和标志性基础设施中,如何才能安插这样一个现代建筑呢? 法国建筑设计师夏洛特·阿维尼翁认为,这样的建筑绝不会影响或阻挡巴黎的空中视野。这

图 4.16　加拿大"空中农场"

栋空中建筑将被建造得像公园一样,同时可以为巴黎提供新鲜、本土的食品。也许这种农场并不会立即被兴建,但是它至少让人们意识到,现代的建筑设计师已经开始具备了生态友好型的建筑设计理念。对于缺少绿色的城市来说,这代表着一种美好的希望。

四、加拿大"空中农场"

加拿大滑铁卢大学的高登·格拉夫设计了一种"空中农场"(图 4.16),或许可以帮助喜欢绿色的加拿大人实现在城市里的植物和能源的自给自足。在"空中农场"设计方案中,这栋 55 层的建筑表面覆盖一层植被。这种水耕农场通过燃烧自身的农场废物进行发电,产生的能量可以满足整栋建筑 50% 的能源需求,而另一半的能源则来自城市废弃物。

五、香港"绿美人"

未来,我国香港将有一座以唐朝贵妃造型为设计灵感的摩天大楼,楼内可以种植瓜果蔬菜、养殖家畜,还设有空中酒店、会展等齐全的服务设施。2014 年 9 月 14 日,在深圳设计之都田面创意产业园举行的新闻发布会上,中国(香港)旅游设计院院长、深圳地标设计机构总裁郑建平推出了集新农业、环保等概念等于一体的垂直农场设计方案——"绿美人"摩天塔项目。作为中国首个垂直农场设计项目,郑建平亲自带领设计团队进行主创设计。根据设计规划,"绿美人"垂直农场摩天塔占地面积为 1.8 万 m²,总建筑面积 16.8 万 m²,高度达 208.8 m,外观设计以中国盛世唐朝贵妃为造型灵感,总投资额约为 16 亿元。

郑建平介绍,"绿美人"摩天塔朝向太阳的一面将种植蔬菜、花卉、药材以及养殖家畜等,而背阳的一面将开发空中花园酒店、商务会所、绿色会议厅等,将各种功能有机结合,争取通过旅游经济和商业效应进行价值升华,使其具有多功能整合资源、多业态抵御风险的投资价值。在技术手段上,将引入风能、太阳能、地热能、无土栽培、室内光照与有阳光合作用、雨水收集等 13 项全球最新的成果。该项目的整体概念将是人类应对粮食增产与土地缩减问题的一大积极探索,也是通过创意设计为今后城市、经济、人类发展探索出的一片新空间。目前,这一项目已经正式启动,并已经有东北、华北等地区的部分城市投资商来深圳协商洽谈。

六、新加坡"垂直农场"

新加坡本地首家垂直农场蔬菜正式面市,公众现在可到 5 家精品超市买到垂直农场生产的 3 种蔬菜。农场正在扩充,至 2014 年底,产量增加约 29 倍,每年产量可达 5600 t。所谓的"垂直农场",简单来说就是在"A"字形大型铝架上种菜。铝架外形如梯子,蔬菜就种在梯阶的凹槽内。铝架梯阶会自动上下旋转,所有蔬菜都有机会转到架子顶部,充分吸收阳光。

设在新加坡林厝港的天鲜(Sky Greens)垂直农场占地 3.65 hm²,目前只有 120 台 9 m 高的铝架,每天可生产 500 kg 的奶白菜、小白菜和毛白菜。到了第二年初,农场增添 180 台铝架,日产量上升至 2 t。

新加坡本地人每年吃掉 131000 t 的绿叶蔬菜,其中 7% 产自本地。新加坡国家发展部前部长马宝山在参观义顺的农粮局研究站的垂直农场时曾说,政府定下目标,希望本地生产的绿叶蔬菜能在 2~3 年间达到本地总消费量的 10%。新加坡贸工部兼国家发展部高级政务部长李奕贤为农场主持开幕仪式。他受访时说,如果垂直农场技术继续发展下去,要达到本地蔬菜产量的 10% 相信不难,至于什么时候能达到目标,就要看垂直农场技术的发展和是否有适合的农场地。

据了解,从研发科技到蔬菜面市,天鲜农场建设共耗资 2000 多万元,并获得标新局起步企业发展基金 100 万元资助。新加坡农粮与兽医局除了提供技术咨询之外,属下的粮食基金也拨款资助。

在新加坡,垂直种植的蔬菜售价比进口蔬菜贵。以 200 g 装的小白菜为例,零售价为 1.25 新加坡元(约人民币 6.24 元),而一包 300 g 的中国奶白菜却只卖 1.55 新加坡元(约人民币 7.74 元)。对此,相关人士指出,本地蔬菜更新鲜,因为从农场运到超市只需 3 h,而从最近的马来西亚送来则需要一整天。天鲜农场增加产量后,平价超市将把蔬菜分销到属下其他超市。

在当今社会,人们把想象变成了现实;科学家设想的摩天大楼形垂直式植物工厂,目前技术已配套,未来将出现更多摩天大楼植物工厂。专家认为,传统农业不断增长的成本,和令人担忧的安全问题,将更加彰显立体农业发展的必要性和迫切性。

不过,国内外也有很多专家对垂直农场持怀疑甚至是完全否定的观点。有人认为垂直农场造价成本太高,收回成本遥遥无期,得不偿失;还有人认为牛羊本来就是在地上饲养的,而在空中饲养有违常理。我们认为垂直农场毕竟只是设计,是概念,与现实还是有一定距离的,但会给人一定的启发。

第五节　太空植物工厂

太空植物工厂,又叫"太空农场",是俄、美等国空间科学家研究的重点,是植物工厂和空间生命保障的支持技术。空间植物栽培的应用,在离开地球的太空中如何让植物在失重的环境下进行正常的栽培与生长,这也是当前空间生命保障技术研究较多的课题。

现在世界上美国、俄罗斯、中国已实现人类太空行走,并在太空建立空间站,以期实现太空移民。然而,人类离开赖以生存的地球,如何在太空长期生存? 长时间、长距离在空间活动、生存,携带生命保障体系是不可能的。空间栽培是解决太空食品的唯一途径,植物空间栽培是空间生命保障的关键技术,空间植物工厂必然成为空间生命保障系统的核心单元。

俄罗斯成功开发了"和平号"空间站 SVET 和 LADA 空间栽培系统,并在空间站建成"空间温室菜园",通过 20 多次植物培养实验培养了甜豆、番茄、小麦和生菜等多种植物。

美国 NASA 也开始重视植物雾培技术,设计出一个雾培植物的装置,被投放到空间站进行实验。正在开发一个含有 5 天空气用量的密封种植罐,罐内的植物种子可以在浸泡过营养液的过滤纸上发芽。

我国生物工程科学家、留美学者张懋发明设计了"太空魔方充气居住屋"和"迷你型太空农场",并申请了发明专利。这种太空居住屋由 26 个小屋组成,小屋壳体是由高强度气密膜构成的,这种高强度气密膜是一种高强度的碳纤维织物,厚为46 cm,分 24~36 保护层以确保人在太空的居住安全;气密膜充气后膨胀成小屋,这种小屋就是供人类移民到其他星球居住的,并且利用迷你型太空农场种植各种植物,以使居住在太空充气屋中的人实现生活自给。有了这种迷你型太空农场的技术支撑,这种太空魔方居住屋不仅解决了人在太空中居住、生存的问题,还为建太空城镇、发展太空旅游,在太空中开矿,打造航空经济产业,挖掘 21 世纪技术金矿,抢占"黄金制高点"奠定了基础。

中国已成功建成了 BLSS 集成实验平台,实验突破了人与植物的氧气—二氧化碳交换动态平衡调控技术和微生物废水综合处理、循环利用等多项关键技术,大气、水和食物的闭合度分别达到 100%、90.1% 和 10.4%,保持良好的空气质量。我国空间生保系统专家把我国具有自主知识产权的空间生保系统实验装置叫作"月宫一号","月宫一号"的种植面积为 13.5 m²,不仅种植蔬菜,还种植粮食和水果,满足实验人员的全部氧气、水和食物的需求。"月宫一号"实验成功标志着我国在受控生态、生保技术研究领域已迈进系统化、集成化阶段,对推进我国长期载人航天飞行、环控生保技术的发展具有标志性意义;不仅可以用于空间领域,也可以用于海底潜艇;是目前世界上最先进的生物再生保障地基综合实验系统之一,将对生物再生生命保障系统的研究发展做出贡献。

通过建立一个受控生态生保系统,航天员在太空中所需要的氧气、水和食物均能在系统内部再生利用,实现自给自足。我国首次受控生态生保集成实验取得圆满成功。两名参试人员唐永康、米涛在密闭实验舱内进行了为期 30 天的科学实验,顺利出舱(图 4.17)。

图 4.17　中国"太空种菜"参试人员顺利出舱

生保就是生命保障技术,是让人在恶劣环境得以生存,进而更好的生活和工作的技术。开展长期载人深空探测,月球、火星等地外星球定居与开发,是未来航天技术发展的必然方向,而建立受控生态生保系统是解决航天员生命保障问题的根本途径。图 4.18 为"月宫一号"生保系统原理图。

此前神舟系列飞船应用的是第一代非再生生保系统,现已逐步改用第二代物理化学再生式生保系统,而此次实验标志第三代生保系统取得阶段性成功。下一步还需实现饮用水的"自给自足",并让大便等排泄物进入生态循环系统。

相比国外,我国相关研究起步较晚,但经过近 20 年的发展,现已突破并掌握密闭系统植物集约化培养和物质循环利用等多项关键技术。中国航天员中心正积极筹划,拟联合多家相关科研单位申请建设具备世界先进水平、规模更大的太空密闭生态循环系统研究基地。这一基地将具备开展 4~8 人、数月到数年的受控生态生保系统综合集成实验研究能力。除载人航天外,相关技术还可在南北极科考站、核潜艇、航母、远洋作业船等特殊环境中应用[23],通过建立生态循环系统供应新鲜食物,改善生活环境。

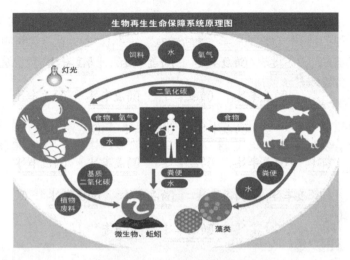

图 4.18　"月宫一号"生保系统原理

【资料链接】

　　"绿航星际"试验 17 日在深圳启动,4 名志愿者进入面积 370 m² 的密闭舱内,开展为期 180 天的受控生态生保技术试验验证。这次试验的顺利开展,对建立发展适合多乘员长时间驻留的高闭合度、运行高效、系统可靠的生命健康保障体系新方法新技术具有重要意义,标志着我国自主掌握的受控生态生保技术达到国际先进水平。

　　受控生态生保技术又称第三代环控生保技术,是在神舟飞船使用的非再生式环控生保技术和未来空间站使用的物理化学再生生保技术的基础上发展而来。其通过人工建立的封闭受控的生态系统,为人类提供生存所需要的大气环境和生保物质。它基于生态学原理,通过动植物培养、废水废物处理、大气调控等多个功能单元的协同匹配,实现封闭环境内的大气、水和食物的高效循环再生,建立适合人类长期驻留的生命和健康保障体系,旨在大幅减少地面物资补给需求。

　　试验密闭舱由乘员舱、生物舱、生保舱、资源舱 4 类 8 个舱段组成,包括环境控制、循环再生、测控管理 3 类 14 个子系统,面积 370 m²,容积 1340 m³,具备开展多人 1 年以上受控生态生保系统集成试验的能力。

　　(资料来源:我国启动"绿航星际"试验 4 名志愿者将在密闭舱内生活 180天.新华社.2016-06-17)

太空植物工厂的研究与实验,是为了未来人们离开地球在其他星球进行植物栽培而探索的最新型、最前沿的栽培方式。主要技术特点是:在密封的空间利用光照集成器把光照与能源导入植物工厂,以实现栽培过程中对植物的能源供应。这种模式尚处在探索阶段,具有极广的发展前景,太空植物工厂被认为是人类探索太空、进行植物生产的最有效手段,为人类更进一步实施星球计划奠定基础,为人类走向外层空间做出积极的贡献。

第五章 植物工厂的植物保护与品质控制

在植物生长过程中,病虫害防治是一项十分重要的工作,它直接影响生产的产量和产品的品质。植物病虫害防治的技术和方法不同,产生的效果也不同。人们在漫长的农业生产劳动实践中积累了大量经验,开发了很多技术。生产力的发展,新材料、新技术的不断创新,为利用物理农业技术驱虫杀菌提供了广阔空间,并在植物工厂中得到广泛应用。

在植物工厂中,坚持以"防"为主的方针,力求做到无菌可"治"。一般采用多种技术,在多个环节、多个领域,全面而彻底地实施,以确保植物工厂中无菌可"治"。

第一节 植物工厂的植物保护

植物工厂中的植物保护是植物工厂生产的重要环节,关系到植物工厂的产品品质和效益、植物工厂存在的意义以及食品安全的问题。植物工厂采用现代物理农业技术代替化学农业技术驱虫灭菌,这是传统农业生产与植物工厂的根本区别。

一、紫外线杀菌

紫外线灭菌通常是通过紫外线杀菌器实现的,是目前用途最广的一种灭菌方式。下面对紫外线杀菌器的结构、工作原理、适用范围、灭菌效果以及紫外线杀菌器的安装分别进行介绍。

(一)紫外线杀菌器的构造

紫外线杀菌器(图5.1)是由3只紫外线杀菌条形灯管和机体组成,完整的杀菌体系还应包括石英石玻璃管、整流器电源、不锈钢机体、时间累计显示仪(可选配)、紫外线强度检测仪(可选配)、控制箱、水泵等。其长度为118 cm,直径为13 cm,配电箱一般为30 cm×40 cm,水泵为轻型自吸泵,机体内一般为3支紫外线灯管。

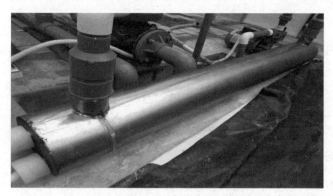

图5.1 紫外线杀菌器

(二) 紫外线杀菌器的工作原理和流程

紫外线杀菌器是利用紫外线光子的能量(波长主要介于200～300 nm之间,其中以253.7 nm波长时杀菌力最强,杀菌时间仅为1 s)。当水或空气中的各种细菌经过紫外线照射区域时,紫外线穿透微生物的细胞壁和细胞核,致使其核酸(DNA或RNA结构中的分子键、胸腺嘧啶二聚体)发生断裂或发生光化学聚合反应,使其失去复制能力或失去活性而死亡,从而在不使用任何化学药物的情况下杀灭水或空气中的所有细菌。

紫外线杀菌器的工作流程为:首先通过配电箱电源启动自吸泵(轻型)向紫外线杀菌器中供应水,同时启动紫外线杀菌灯,经过紫外线照射后流出的水就没有细菌了。

(三) 紫外线杀菌器产品的特点

紫外线杀菌器与臭氧等相比,杀菌功能具有不可比拟的优势,主要是由以下特点决定的:① 能迅速有效地杀灭各种细菌、病毒等微生物;② 通过光解作用,能有效降解水中的氯化物;③ 操作简单,维修方便;④ 占地面积小,水处理量大;⑤ 无污染,环保性强,不会产生毒副作用;⑥ 投资成本低,运行费用低,设备安装方便;⑦ 利用光学原理设计了独特的内部处理工艺,使机体腔内得以最大限度地利用紫外线,使杀菌效果成倍提高。表5.1为紫外线杀菌种类和效率。

表 5.1 紫外线杀菌种类和效率

名　称	时　间	名　称	时　间
炭疽杆菌	0.3 s	结核杆菌	0.41 s
白喉杆菌	0.25 s	霍乱弧菌属	0.64 s
大肠杆菌	0.36 s	沙门氏菌属	0.51 s
微球菌属	0.4~1.5 s	大肠杆菌	0.41 s
螺旋杆菌	0.2 s	鼠伤寒杆菌	0.53 s
痢疾杆菌	0.15 s	葡萄球菌属	1.23 s
肉毒杆菌	0.8 s	链球菌属	0.45 s
嗜肺军团菌	0.2 s	志贺氏菌属	0.28 s

紫外线杀菌的效率与紫外线杀菌器的类型、电功率、灯管配型、水流量大小等因素密切相关。使用时要充分考虑各因素的参数,如表 5.2 所示。

表 5.2 PD-UV 过流式紫外线杀菌器参数

型号	每小时处理水量	功率	灯管配型	外形尺寸	进出口口径	接口方式
PD-UV10T	10 t	160 W	80 W * 2PC	930 mm×105 mm×480 mm	DN50,2″	法兰;自带式电控箱
PD-UV12T	12 t	160 W	40 W * 4PC	930 mm×160 mm×480 mm	DN50,2″	
PD-UV15T	15 t	200 W	40 W * 5PC	930 mm×220 mm×530 mm	DN65,21/2″	
PD-UV20T	20 t	240 W	80 W * 3PC	930 mm×160 mm×530 mm	DN65,21/2″	
PD-UV25T	25 t	320 W	80 W * 4PC	930 mm×220 mm×580 mm	DN65,21/2″	
PD-UV30T	30 t	360 W	120 W * 3PC	1260 mm×220 mm×600 mm	DN75,3″	
PD-UV40T	40 t	480 W	120 W * 4PC	1260 mm×220 mm×600 mm	DN100,4″	
PD-UV50T	50 t	600 W	120 W * 5PC	1260 mm×245 mm×750 mm	DN125,5″	
PD-UV60T	60 t	720 W	120 W * 6PC	1260 mm×245 mm×750 mm	DN125,5″	
PD-UV80T	80 t	900 W	150 W * 6PC	1680 mm×275 mm×750 mm	DN150,6″	
PD-UV100T	100 t	1200 W	150 W * 8PC	1680 mm×300 mm×800 mm	DN150,6″	
PD-UV125T	125 t	1500 W	150 W * 10PC	1680 mm×300 mm×800 mm	DN150,6″	
PD-UV150T	150 t	1800 W	150 W * 12PC	1680 mm×325 mm×800 mm	DN200,8″	

型号	每小时处理水量	功率	灯管配型	外形尺寸	进出水口径	接口方式
PD-UV200T	200 t	2400 W	150 W＊16PC	1680 mm×400 mm×600 mm	DN200,8″	法兰；外带式电控箱
PD-UV300T	300 t	3750 W	250 W＊15PC	1680 mm×400 mm×760 mm	DN250,10″	
PD-UV400T	400 t	5000 W	250 W＊20PC	1680 mm×400 mm×860 mm	DN250,10″	
PD-UV500T	500 t	6000 W	300 W＊20PC	1680 mm×400 mm×860 mm	DN300,12″	

　　紫外线杀菌消毒技术是 20 世纪 90 年代末期兴起的最新一代消毒技术。它集光学、微生物学、电子学、流体力学、空气动力学为于一体,具有高效率、广谱性、低成本、长寿命、大水量和无二次污染的特征,是目前国际上公认的主流消毒技术,广泛用于空间环境、水环境等多种领域,并且以多种形式出现,水用的有浅水式、浸没式、过流式等。植物工厂主要用于蓄水池中营养液体杀菌,还有空气环境中使用的开放式的紫外线杀菌器。紫外线杀菌器又可以根据处理水量划分为中小流量杀菌器,如 2 GPM、6 GPM、24 GPM 等;中大流量杀菌器,如 30 GPM、50 GPM、80 GPM 等多种不同型号。可根据不同情况,选择适合的型号和类型。

二、电功能水杀菌

　　电功能水是通过电功能水发生器制取的,电功能水发生器如图 5.2 所示。

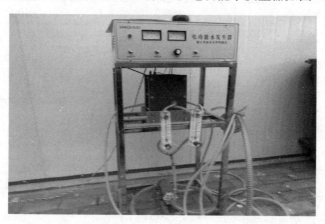

图 5.2　电功能水发生器

（一）电功能水生产装置

电功能水就是以自来水和氯化钠（或氯化钾）经过电功能水生产装置产生的电解水。电功能水生产装置包括电功能水发生器、电功能水发生器支架、微型泵。

（二）电功能水生产的原理

电功能水即电解水，它是氯化钠和自来水电解生成的强酸性电解水，这种强酸性电解水 pH 在 2.7 以下，它含有少量的 H_2O_2 等过氧化物。这些过氧化物能够使蛋白质、核酸和脂肪酸发生分解，产生变性，破坏细菌的细胞结构，导致细菌的细胞膜通透性增加，代谢功能受阻，限制病菌的生存和繁殖，最终导致其死亡，达到灭菌的目标。电功能水被用来灭菌具有成本低，设备简单，安全性高，杀菌效果好，残效性极低等特点。

（三）电功能水的用途

电功能水可杀菌，可预防白粉病、霜霉病，引起国内外农业、工业专家的广泛关注。日本的 RCS 工业技术株式会社已经开发出多种强酸性电功能水生产设备，型号齐全。在日本，人们把电功能水誉为"惊奇的水""不可思议的水"。在我国，电功能水在生产中的应用日益广泛，效果极其明显。

表 5.3 为电功能水与次氯酸钠对不同微生物致死时间的对照。

表 5.3　电功能水与次氯酸钠对不同微生物致死时间对照

实验菌种	电功能水	次氯酸钠
大肠杆菌	30 s 以内	30 s 以内
沙门氏菌	30 s 以内	30 s 以内
绿脓杆菌	30 s 以内	30 s 以内
蜡样芽孢杆菌	2 min	不杀菌
金黄色葡萄球菌	30 s 以内	30 s 以内
耐青霉素金黄色菌	30 s 以内	30 s 以内
副溶血弧菌	30 s 以内	30 s 以内
红色酵母	30 s 以内	5 min
白色念珠菌	30 s 以内	5 min
芽枝菌	30 s 以内	5 min
毛癣菌	30 s 以内	5 min

三、强磁杀菌

强磁杀菌,是利用强磁的磁场处理水中的细菌和病毒等微生物的一种方法。在强磁处理过程中,是以磁阻(两块)而产生磁场的。磁阻根据实际而分为内、外磁阻。安装在管道内壁的磁阻叫作内磁阻,安装在管道外壁的磁阻叫作外磁阻。通常安装在进水口或营养液供给的管道上为宜。

(一) 强磁杀菌的原理

由于强磁处理器的磁场在水中产生活性氧自由基,破坏了细胞膜的离子通道,改变了细胞适应的内控电流和生存所需的环境条件,包围封锁了水中溶存氧,损伤了生物大分子,使微生物膜过氧化,破坏了微生物的转化酶,并使细胞膜内水钝化,从而达到利用强磁灭菌的目的。

(二) 强磁杀菌的技术特点

① 高科技水平:由 NASA 研发成功并应用。我国在此基础上深入研究,是国家科委和建设部推荐的高新技术产品。② 高效率:灭菌率达到 100%,设备无需维护。③ 安全性高。④ 环保性好,无化学药剂,无二次污染。⑤ 不耗能,使用寿命长达 15 年。⑥ 体积小,易安装,无需管理。⑦ 投资小,功效大。

四、臭氧杀菌

臭氧是通过高压电离、电晕放电和化学方式使空气中的部分氧气转化而产生的。它是氧气的同素异形体。

臭氧发生器是制取臭氧的设备装置。臭氧是世界上公认的广谱高效杀菌消毒剂。臭氧化学性质特别活泼,是一种强氧化剂,在一定浓度下可迅速杀灭空气中的菌类,无任何毒残留。在通电情况下,其反应的化学式为 $3O_2 \xrightarrow{\text{电}} 2O_3$。

臭氧灭菌属于生物化学氧化反应,臭氧氧化分解了细菌内部氧化葡萄糖所必需的酶,也可直接与细菌、病毒发生作用,破坏其细胞壁和核糖核酸,分解 DNA、RNA、蛋白质、脂肪类和多糖等大部分聚合物,使细菌在物质代谢生长和繁殖过程中遭到破坏。还可以渗透细胞膜组织,渗入细胞膜内作用于外膜脂蛋白和内部的脂多糖,使细胞发生通透性畸变,导致细胞溶解死亡,并且使死亡菌体内遗传基因、寄生菌种、寄生病毒粒子、噬菌体、支原体等溶解变性死亡。表5.4为臭氧灭菌消毒的实验数据。

表5.4 臭氧灭菌消毒的实验数据

投放浓度	投放时间	病毒、病原体种类	杀灭效率
0.01 mg/L	20 min	乙型肝炎表面抗原(Bag)	99.99%
0.5 mg/L	5 min	甲型流感病毒	99%
0.13 mg/L	30 s	脊髓灰质炎病毒Ⅰ型(PVI)	100%
0.04 mg/L	20 s	大肠杆菌噬菌体(ms2)	98%
0.25 mg/L	1 min	猿轮状病毒SA-H和人轮状病毒2型	99.60%
4 mg/L	3 min	艾滋病毒(HIV)	100%
0.008 mg/L	10 min	支原体、衣原体等病原体	99.85%

五、静电场杀菌

高压静电场杀菌是众多物理杀菌中最有效的技术之一。它本源于自然但又高于自然,它不同于高温灭菌使植物不能适用,不同于辐射杀菌存在安全问题,它是外加静电场的生物效应的体现。

(一) 高压静电灭菌原理

高压静电灭菌是在强电场的作用下,空气中少量带电离子、中性分子或原子不断发生碰撞产生电晕放电现象,产生臭氧和活性氧等,从而实现灭菌。高压静电灭菌从以下3个方面产生作用:

(1) 高压静电产生臭氧,具有强氧化作用,它能使细菌的细胞壁发生破裂,失去物质交换能力,导致酶失活,从而达到灭菌的效果。

(2) 电场中的电子进入菌液,电子与氧结合,形成超氧化物阴离子自由基,从而改变了细菌生存的环境,使其丧失生存条件,导致死亡。

(3) 电场对细菌的细胞具有击穿作用,导致细菌化学链断裂,细胞膜脂质受到破坏并使其溶解导致死亡。

(二) 高压静电灭菌的对象

高压静电灭菌是通过高压静电发生器对多种菌类产生作用的,包括革兰阳性菌、革兰阴性菌、真菌等,如青霉菌、金黄色葡萄球菌、表皮葡萄球菌、大肠杆菌、枯草杆菌等。

(三) 高压静电场杀菌的特点

高压静电场杀菌具有广谱性、安全性、无任何污染、运行成本低、操作性强、可控性和有效性高等特点。

(四) 静电场电力成本

在使用静电场时,产生的电力费用较高,但科学的发展有可能使静电场成为免费能源。根据静电感应正、负功原理,在正或负电荷源的电场中,孤立导体发生静电感应时,电场力能够同步作为两个动力,分别同步作用于导体的正、负感应电荷,做一对正、负功合计为零。

根据以上原理,电场能发动机起着重要作用,它利用静电感应的正、负功,开发电场能量获得电势能,使输入功率小于输出电能,同时对外具有电压能量。

第二节 植物工厂的植物品质控制

一、植物工厂中影响植物品质的因素

植物工厂中影响植物品质的因素是多方面的,有来自生物类的害虫和病菌、营养液中的硝酸盐、人为添加的化学品(农药、促长剂、激素、抗生素等)、二氧化碳使用不当和光素处理不当等多个方面因素。

(一) 害虫

露天型植物工厂会直接受到害虫危害,全封闭型或半封闭型植物工厂虽然大大减少了害虫的危害,但植物工厂不是真空的,植物也会受到少量虫害,影响植物产量和质量。植物害虫具有两个重要特点:好光性和好绿性。植物工厂要使用人工补光来促进植物的光合作用,形成碳的积累。夜间的植物工厂灯光、白天植物工厂中的绿色都会吸引害虫从很远的地方聚来,从缝隙和通气孔钻进植物工厂内危害植物,驱虫、灭虫是植物工厂必须要做的工作。

(二) 病菌

植物工厂尽管设施防护严密,但也免不了病菌侵入,尤其是植物工厂中创造的植物生长的最佳环境最容易滋生细菌,危害植物生长,降低植物品质;在植物工厂的营养液中、空气里都存在病菌、病毒,除菌是植物工厂中最基本、最重要的工作之一。

(三) 硝酸盐

硝酸盐是一种矿物质肥料,是营养液中含有的一种化学成分。这种成分容易被植物吸收,它累积于植物体内。虽然硝酸盐没有什么直接危害,但硝酸盐会随着人类食用植物后累积在人体内,在一定的条件下,硝酸盐有可能转化为对人体有害的亚硝酸盐。要减少甚至杜绝亚硝酸盐对人体的危害,就必须从源头做起,减少植物中硝酸盐的含量,才能保证植物工厂中的植物具有高品质。

(四) 其他因素

1. 农药

为了保护植物生长,传统的方式是喷洒化学或生物农药来驱虫灭菌,温室内生产的无公害产品虽然严禁使用高危农药或少量使用低毒农药,但还是免不了或多或少地依靠农药来生产,尤其是露天栽培的植物。由于农药多年的连续使用,使有些害虫和病菌具有抗药性,只有更多地使用农药才能产生作用,否则,可能导致绝收或收成很少。而这些农药仅有 1% 被植物吸收,并残存于植物体内,最终进入人体,导致多种疾病的发生;99% 的农药残存在土壤中,使土壤矿化,影响续耕;流淌到河流中,污染水源,使水富营养化;散发在空气中,造成空气污染,影响空气的质量。农药是人类制造的"杀手",应引起人们的高度重视!

2. 生物激素

为了获得植物生产的最大效益,有的农户甚至使用国家法令禁止使用的植物生长素、膨大剂、抗生素等添加剂化学物品,破坏植物细胞和成分结构,降低植物的品质。这些人为添加的化学品残留在植物体并进入人体内,给人们的健康带来极大的危害，导致食品安全事故频发。

3. 二氧化碳和光

在植物工厂中，为了加快植物光合作用，需要补加二氧化碳及补光。植物对二氧化碳的需求不能超过上限值，否则会对植物造成损害；植物对光的需求，需要根据不同植物或者同一植物不同生长期所需的光照不同而做出必要调节，以保证植物品质。

二、植物工厂中植物品质的控制

针对植物工厂中影响植物品质的多种因素，必须采取有效措施并严加控制。对于害虫、病菌、病毒的控制，要采取物理农业技术；对于硝酸盐要采用多种措施；对于其他因素，要采用多种行政措施甚至是法律手段加以解决。

（一）对害虫的控制措施

植物工厂对害虫的控制方法很多，通常采用的最有效的办法是在温室设施外安装防虫网，在植物工厂周围栽培能够有效驱虫的香茅、猫薄荷、薰衣草、迷迭香等植物，驱虫于温室之外。对防虫网的要求非常严格，网孔太大起不了防护作用，网孔太小影响温室空气流动。要把握这个度，一般选择30～50目的防虫网。在室外还可以采用蓝色灯光诱杀害虫，或用电捕杀等。总之，不能让害虫进入植物工厂内。

（二）对病菌的控制

植物工厂对病菌的控制，立足于防、立足于早。强调种子源头病菌的防控。对种子首先进行灭菌处理，这样既提高了种子发芽率，又切断了菌类通过种子进入植物工厂的通道。俗话说："苗好一半谷。"苗的品质在一定程度上决定着植物的产量。对于苗体菌类控制，必须保证杜绝菌类进入植物工厂，即使进入也决不能使其生存。

1. 菌类控制范围

植物工厂适宜的温、湿度最适宜病菌繁衍，一旦得不到有效控制，植物工厂的空气中、水管内、营养液里、进出气孔、工具物件、设施器材、植物体都将成为病菌生息的地方，在进行灭菌工作时，应不留死角，力求彻底。

2. 病菌控制方法与措施

控制植物工厂中的病菌的方法很多，针对菌类存在的不同领域，分别采用不同的方法。随着物理农业技术体系的完善和发展,灭菌方式将呈多样化、低成本化、高效化、简易化、生态化趋势。

(1) 水除菌。菌从水入,植物工厂在进水管道上安装高性能强磁处理器,当水从水管中进入植物工厂,经过安装在供水管道上的强磁处理器,穿过强磁处理器的磁力线时,水中菌类细胞壁将被刺破,胞液就会流出,导致菌类死亡。从而流入植物工厂内的水是经过磁化的无菌水。用强磁处理器杀菌无需用电、无需维护、可长久使用、瞬间灭菌、无任何污染,是最有效的灭菌方式。

(2) 营养液灭菌。植物工厂里营养液是循环使用的,时间长了也会产生细菌,而且危害最直接、最大。营养液是植物工厂中最关键的部分,通常采用紫外线杀菌器灭菌。当水泵启动后,营养液流经紫外线杀菌器时,受到紫外线光的照射,营养液中的菌类就会被瞬间杀灭。紫外线灭菌快捷、高效、环保、低成本,是营养液杀菌最有效的方式。

(3) 空气灭菌。空气中的病菌无处不在,植物工厂并不是真空,适宜的温、湿度会滋生大量病菌,数量多、分布广、灭菌难度也大,用紫外线、磁化器、电功能水都将无法彻底干净消灭,植物工厂通常采用高压静电发生器,通过分布静电网发射静电的方式来杀灭空气中的菌类,效果特别好,灭菌范围大,环保、高效。

(4) 特殊场所灭菌。植物工厂的气孔、风口、工具和物件上是细菌最活跃的地方和场所,对这些一般选择臭氧灭菌,通过臭氧发生器散发臭氧来阻止病菌从风口和气孔进入,用电功能水杀灭工具、物件和地上的病菌,投入少、效率高、生态、环保。

三、硝酸盐的产生与控制

蔬菜是人体摄入硝酸盐的主要来源,硝酸盐可促进人体肌肉的两种关键蛋白质的产生,贡献率在 80% 以上。植物工厂营养液中硝酸盐积累在植物体内进入人体,尽管硝酸盐对人体无害,但它在特殊情况下可转化为对人体有害的亚硝酸盐。亚硝酸盐本身无毒、无致癌性,但亚硝酸盐可转化为亚硝胺类致癌物质,会导致人体高铁血红蛋白症(阻碍或影响血液运氧功能,导致组织缺氧,并对周围血管产生扩张作用)的发生,或者与人体内二级胺结合,形成强致癌物质亚硝胺,诱发人体消化系统癌变,对人体健康造成潜在危害。为此,世界各国都制定了蔬菜硝酸盐含量标准。我国 GB18406—2001 规定无公害蔬菜的硝酸盐含量标准为:瓜类菜含量≤600 mg/kg,根类菜含量≤1200 mg/kg,叶类菜含量≤3000 mg/kg。降低植物体内的硝酸盐含量是植物工厂食品安全的关键之处。降低硝酸盐的方法和措施也是多种多样的。

（一）断氮

植物工厂中硝酸盐来自于氮肥,叶类菜对氮肥的需求量大,在植物生长过程中杜绝施氮是不可能的,断氮措施只有在植物收获前 2～3 天采取,此时中断营养液中氮肥的添加,使植物消耗自身体内的硝酸盐,或者用铵态氮部分代替硝态氮(25%),以减少植物体内硝酸盐含量[24]。

断氮措施的目的是控制营养液中氮肥的含量,但营养液中还剩有氮元素,只有收获前 2 天中断营养液供养,用清水代替营养液,才能真正断绝植物对氮元素的吸收,水解部分植物体内硝酸盐含量,或者用沼液(沼液中含有矿物质营养和氨基酸等物质)代替营养液以达到减少植物体内硝酸盐含量的目的。

（二）掌握科学的收获时间

上午是植物体内细胞最活跃的时间,下午 3:00 以后细胞活动减弱,硝酸盐含量相应减少,所以选择下午 3:00 以后收获,既便于采收包装,又利于减少硝酸盐含量。

（三）包装时保留植物的根系以及根系湿度

植物工厂以营养液栽培和雾培为主要栽培技术,在采收和包装过程中,保留海绵块中的根系,其他部分根系剪去,并使根系保有一定湿度以维持植物的新鲜度,这样也会尽可能降低植物体内硝酸盐含量。

（四）调整光照

在使用 LED 灯时,可以在蔬菜采收前,通过提高光强和调控光质(光合有效辐射、紫外线)以及 48 h 连续光照等措施以减少蔬菜中硝酸盐的含量。

四、加强对二氧化碳的控制和光照的调节

在植物工厂中增施二氧化碳,不仅能提高产量,而且干物质、糖和维生素 C 的含量也会大大增加。但是二氧化碳超过一定的含量,会使植物中毒,不仅影响植物品质,而且会导致植物死亡,所以植物工厂在增施二氧化碳时,一定要注意碳的饱和度。

　　补光系统是植物工厂的十大系统之一,尤其是封闭型植物工厂,人工光照是全天候的。光对蔬菜的生长和发育产生重要影响。太阳光中被叶绿素吸收最多的是红光,黄光次之,蓝紫光仅为红光的 14%,人们可以对光进行调节,以提高植物的产量,还可以通过对光环境(光质、光强、光照时间和光照方式)进行调整实现对植物体中硝酸盐的控制。另外,在采收前期增加光照强度和光照时间(在不影响产量的前提下,可大幅提高叶菜可溶性糖含量),以及调光谱为红蓝光(红光有利于碳水化合物的合成与积累),也能降低植物体硝酸盐含量。

五、对其他因素的控制

(一) 对农药的控制

　　农药控制是蔬菜品质最根本、最关键的因素。根据 2011 年 8 月绿色和平组织的调查显示:北京、上海、广州的 90% 以上蔬果都有农药残留,其中 50% 以上含有 5 种以上农药。我国每年农药中毒事故达 10 万人次,死亡 1 万多人。搜狐网调查显示:有 92% 的网友担心农药残留问题。

　　农药的分子结构稳定,绝大多数在生物体内很难被代谢、分解、排泄。农药对人体的危害不仅在于会干扰人体化学信息的传递,破坏人体的酶,而且会阻碍人体器官发挥正常的生理功能,导致神经系统功能失调和内分泌紊乱。农药通过食物在人体内富积,是导致人类癌症、动脉硬化、心血管病、不孕症等多种疾病的重要原因。

　　农药已经严重威胁到人类生存的安全,对农药的生产、使用进行控制已迫在眉睫、刻不容缓。国家应该严格控制药企的数量和农药的产量,应该把食品安全当作民生的首要工作,应该制定、完善更多、更完善的法律、法规,建立更完整的食品安全标准体系,以保障亿万民生的食品安全。植物工厂是高产、高效的植物生产系统,应建立更完善的生产操作规程、器材采购标准、产品质量标准等标准体系和以物联网为主的产品安全追溯、追责体系,把高品质放在首位,确保安全入市。

(二) 对抗生素、添加剂的控制

1. 抗生素

　　抗生素是最常见的一类药物,近年来合成或半合成抗生素增加并广泛使用,对动、植物防病、抗病产生一定作用,但导致细菌基因明显突变、产生了耐药微生物——超级细菌。抗生素的使用增加用药成本却无法发挥应有作用,并且没有一种抗生素是绝对安全的。

2. 植物化学添加剂

为了产量更高、提前上市,有些生产者从幼苗开始直至收获前,多次超量对植物施用催熟剂、膨大剂、催红剂、生根剂、生长素、生长调节剂等添加剂,如赤霉素、芸苔素、乙烯利、坐果灵、绿直灵、避孕二号药等化学合成物,这些添加物已对人体造成危害。

对这些抗生素、植物化学添加剂,国内早已禁止使用,我国有机食品标准也禁止使用这些化学品。政府已把食品安全作为民生大事来抓,强调市场准入、食品追溯问责,加大食品违法行为打击力度,多措施并举,从根本上控制食品违法行为,确保食品安全。另外,我国已加快用于食品生产、检测等的高科技设施、仪器的研发速度。未来的食品生产中,无土栽培将逐渐代替土地栽培,设施栽培逐渐代替露天栽培,物理农业逐渐代替化学农业,智能化管理逐渐代替人工粗放管理。未来的食品生产将更加透明化、规范化、有机化、生态化。

第六章 植物工厂十大设施系统建设

第一节 动力系统

植物工厂的一切高科技设施的启用都离不开动力。植物工厂动力通常选择光伏发电,但电量不够稳定,为了使电压稳定而选择 380 V。走线方式为了安全起见,以走暗线为宜。

电线的负荷和分布都要根据实际情况而定,既要严格计算,又留有余地,确保安全用电、正常用电、节约用电。

植物工厂要配备专职电工技师,并配备一台备用发电机,确保植物工厂正常运行、安全运行。

第二节 水循环利用系统

水循环利用系统是植物工厂重要的组成部分,它包括降温用水循环系统和营养液循环利用系统。

一、降温用水循环系统

降温用水是指植物工厂中的水帘用水。

水帘降温循环用水的管道分布是根据植物工厂的规模条件决定的。对于大型和超大型的植物工厂,要建立一个甚至几个专用的蓄水池,降温循环利用是指用水泵将蓄水池的水通过管道流向水帘,水帘经过的水再通过回水管回流到蓄水池中循环利用。

空间弥雾在天气极端高温的情况下使用,即在换气扇和水帘全部启动,温度还是处于或超过植物适宜温度的上限值时,开始启动植物工厂内的空间弥雾系统,通过空间弥雾来增加植物工厂中的空气湿度,保持植物正常生长温度。但弥雾系统的水的用量较少,无法循环再利用。

二、营养液循环利用系统

营养液循环利用系统包括营养液智能供给和营养液回流循环利用两大部分,这是植物工厂建设中工作量最大的部分,也是最关键的部分。这直接关系到植物工厂的科技水平和效益问题,必须引起足够重视。

(一) 营养液循环利用系统的设计

营养液循环利用系统包括植物工厂内营养池、水泵、电磁阀、供水管道、回水路线等。

1. 营养池的设计

营养池的大小、多少是由植物工厂规模决定的。通常 667 m² 的植物工厂需建造容纳 7～8 t 水的营养池,10000 m² 的植物工厂需建造容纳 100 t 水的营养池。为了减少管道的供水距离,减少供水时间,通常选择一个池供给 667 m² 的水,这样 10000 m² 的超大型植物工厂要建立 15 个这样的营养池。

在建营养池时,还要建两个蓄水池,分别是生水池和熟水池,这是非常必要的。一方面,因为从植物工厂之外引进的水,必须过滤处理,以免不洁之物堵塞微喷头,以及细菌进入营养液危害植物;另一方面,外面的水受气候影响,夏天的水温高,冬天的水温低,与营养池里的水有温差,不利于植物生长,所以把外面的水引入生水池进行过滤、净化(有些企业的植物工厂用水进行膜处理后再使用)几小时后再把原有的生水引进熟水池,熟水池中的水可以向营养池中添加。

植物工厂中营养池的设计应纳入植物工厂的整体设计中,根据实际情况做出相应的安排。通常营养池的设计与栽培柱的区域是相配套的,形状是长方形的,长为 6 m、宽为 1 m、深为 1.3～1.5 m,净空为宜,这样可盛 7～8 t 水(不可能使营养液与营养池形成同一平面,因为液面不能超过回水孔)。

营养池以不渗水为原则,否则池内、外形成水流动,影响营养液配方的准确性,或造成营养液流失。

营养池要盖上水泥板盖,并在板盖上铺上隔离层,这样可保持营养池的清洁,保证人们行走的安全,还可防止以营养池中的营养液被光照射而产生蓝藻。

营养池建成后，最好暂时不要使用，用水浸泡一段时间，使水泥中的碱释出，否则会使营养液的 pH 升高，影响植物对营养的吸收，甚至造成黄化现象。

2. 水泵的选择

植物工厂中使用的水泵通常为离心泵或自吸泵。对泵的选购一般要求是：三相电离心泵（或自吸泵）的出水口应与管材相配套，选择 ø63 mm 或 ø50 mm 的 PVC 管（压力为 10～16 MPa），扬程为 30 m，流量为 3 m³/h，功率为 3 kW。

3. 管道设计

植物工厂的管材通常使用 PVC 管，从稳定角度考虑，应以优质品牌产品为好。管道又可分为供水管和回水管。供水管按供水量和所处的环节可分为主管、支管、分管和毛管。根据水液的走向和分布的流程为：主管→分管→支管→毛管→微喷。

（1）主管。主管通常用 ø63 mm 或 ø50 mm 的 PVC 管，压力为 10～16 MPa，液通过主管流向多个分管，又通过分管流向多个支管，通过支管又流向多个毛管直至微喷头。

（2）分管。分管通常选用 ø50 mm 或 ø32 mm 的 PVC 管，压力要求为 10～16 MPa。

（3）支管。支管为 ø32 mm 或 ø25 mm 的 PVC 管，压力要求为 16 MPa。

（4）毛管。毛管是 5 mm×7 mm 的橡胶管，通过螺纹双倒钩相接。毛管液流量很小，但压力不小，通过毛管另一端的防漏阀，液流直接经微喷头雾化，以弥雾形式向植物实施水、肥同补。雾化微喷头的作用是使水雾化成 50 目微粒喷出，使营养液分布更均匀，更容易被植物吸收。

回水管通常选择 ø63 mm 的 PVC 管道，压力要求不高于 6～10 MPa。回水管把栽培柱里面多余的营养液流进回水孔，直接回流进营养池再循环利用。

在设计中应把供水、回水主管，分管都并列排放（节约地方，便于管理和维修）。供水管和回水管都服务于栽培柱，都必须分布在栽培柱的底部。

（二）营养液循环利用系统的安装

营养液循环利用系统的安装要分两个部分：一个部分是水泵的安装，包括过滤器和电磁阀；另一个部分是管道的安装，包括管道与栽培柱上支管的连接，共同组成液循环利用系统。

1. 水泵安装

水泵安装与过滤器、电磁阀安装是相关的。水泵的进水管延伸到营养池内，出水口直接与叠片式过滤器相接，1 台 3 kW 水泵配 1 台过滤器、8 个电磁阀，1 个电磁阀可配 230～250 个微喷头。过滤器出水管与 8 个电磁阀控制的 8 根供水管相连接，这 8 根管就是供水主管。电磁阀通过 4 m 长的电线与植物专家计算机系统连接而形成智能循环供水系统。1 台水泵可满足 400 个栽培柱上植物的水、肥需求,大型植物工厂可根据规模确定水泵、液池、过滤器、电磁阀的数量。

2. 管道安装

在管道安装过程中,需要改变方向或与不同型号的管连接,有与之相适应的弯头、变通、直接、活接、三通等相关配件,这些相关配件必须与管道相匹配。

从电磁阀连接的主管(ø63 mm 或 ø50 mm PVC 管)必须要与多根分管(ø50 mm 或 ø32 mm 管)通过变通相连接。为了生产管理方便,通常把一台泵的供液范围称为一个大区,一个电磁阀(即一根主管)的供液范围称为一个小区,小区的供液管又与小区内多个栽培柱的支管相连接,这样各小区的分管 ø50 mm(或 ø32 mm)应按电磁阀的顺序与主管通过 ø63 mm×ø50 mm 的管连接,而各小区的分管又必须通过 ø50 mm×ø25 mm 的变通管与栽培柱上的支管 ø25 mm 相连接。

回水管线路的起点是各小区最后一个栽培柱底座的中心,终点在营养液池中。

各小区的回水管与供水管应同一方向布置,小区内的回水管都处于栽培柱底座的同一中心线上。而且在每个栽培柱下都用三通管连接,另一端连续延伸,其中有一直角方向的孔必须处于栽培柱的正中心,便于回流液体。并行同一线路的供水分管必须在离栽培柱正中心向柱外延伸 70 cm 处安装 ø50 mm×ø25 mm 变通管,便于与栽培柱上的供水管相连接。为了便于栽培柱体移动,还应该在这个连接点上安装 ø25 mm 球阀和活接。因为这里的距离仅为 20 cm,可加两个 ø25 mm 的弯头变向安装,供水分管与栽培柱上支管连接。

为了管理方便和景观上的考量,力求把营养液池和各种管都安装在地下,使它们与栽培柱在同一直线上,使分管与栽培柱上的支管连接处成同一方向。

(三)营养液循环系统调试

营养液循环系统建设结束后,还必须进行调试,每建一个大区都要进行调试,以检查各个环节的工作是否正常。在植物工厂内其他设施还没完善的情况下,可以采用手动方式启动电力进行调试。在调试过程中要注意以下几个问题,并对出现的问题逐个加以解决,直到符合要求为止。

(1) 关注一下水泵的风叶,是否反转,如出现反转现象,应重新调整电泵的三相线路连接。

(2) 如果水泵压力过小,就应调整电磁阀的阀门。

(3) 如果管道出现渗漏或爆裂脱胶,就应停水,擦干后重新连接。

(4) 如果微喷头有的喷雾,而有的不喷雾,其原因为防漏阀过紧,需要松动一下;或在安装管道时,管道内存在一些小碎屑堵住了微喷头。

总之,任何一个环节都不能出问题,确保生产时万无一失。

第三节　温控系统

植物生长受温度的影响特别明显,对植物有重要影响的 3 种温度:① 上基点:温度超过 40 ℃,植物就会停止生长,甚至死亡;② 下基点:温度低于 10 ℃,大部分植物就会停止生长,有的植物甚至会死亡;③ 最适温度:植物生长的最适温度为18～28 ℃。植物工厂的温控系统的作用就是要创造条件,让植物处于最适温度中进行快速生长,即对高于上基点的高温采取降温措施,对低于下基点的低温采取升温措施。温控系统就是通过采取降温和升温措施来达到温控目的。

植物工厂的降温是通过排气扇、水帘和空间弥雾等实现的。在冬天,温室需要采取增温的措施。增温的方式有很多,包括使用热风炉产生热风增温、液化气增温、电增温、充气泡保温增温,但目前最好的方式还是地埋管地源热泵技术,该技术用于植物工厂增、降温是最稳定、最合算的。

一、地源热泵技术概况

地源热泵技术(GSHP)是一种利用地下浅层地热资源,既可供热又可制冷的高节能空调系统。该系统把浅层岩土体作为热泵系统的热(冷)源,即在冬季把高于地表环境温度的地层中的热能取出来供给植物工厂室内增温,夏季把植物工厂内的热取出来储存在低于地表环境温度的土壤中。通过少量的高位电能输入,实现低位热向高位热转移的一种新技术。

这种地源热泵技术最早始于瑞士。1921 年瑞士 H. Zoelly 首次提出利用土壤作为热泵源系统低温热源的概念,并申请专利。但是直到 20 世纪 50 年代,H. Zoelly 的专利才引起了人们的关注,并在欧美掀起了研究的高潮,这一阶段研究仅局限于地埋管线的实验研究。

1973 年,欧美等国出现的"能源危机"再次激发了对 H. Zoelly 地源热泵研究的兴趣和需求。欧洲先后召开了 5 次大型地源热泵专题国际学术会议。此后各种类型的垂直埋管地源热泵系统先后在瑞典、德国、瑞士和奥地利等国得到大量实践和应用,同时在美国能源部的支持直接资助下,美国的相关科研人员也进行大量研究,对地源热泵技术的发展起到推动作用。这一时期,人们针对地源热泵的特点,重点研究土壤导热性能、地下埋管的化学性能、换热器的传热过程和数据的模拟计算。20 世纪 90 年代末,地源热泵技术的应用和发展进入了一个全新的快速时期;

根据 2005 年世界地热大会的总结,已有 30 个国家以超过 10% 的速度发展着地源热泵技术[25]。

　　我国对地源热的研究是从 1989 年开始的。青岛建筑学院(现青岛理工大学)建立了我国第一台地源热泵系列实验平台。1996 年天津商学院(现天津商业大学)高祖昆等人进行螺旋盘管理地换热器的研究。1999 年重庆建筑大学(现重庆大学建筑城规学院)刘宪英等人进行浅埋竖直管换热器地源热泵采暖和制冷特性及浅埋套管模型的实验。2000 年 12 月,中日在长春合作建起 1000 m² 的地埋管式地源热泵供暖制冷示范项目。2011 年,南京江宁台湾农民创业园发展有限公司投资兴建为超大型植物工厂增温制冷的地源热泵的示范项目。图 6.1 为地源热泵换热设备。

图 6.1　地源热泵换热设备

　　另外,哈尔滨工业大学、东南大学和吉林大学也分别开展地埋管地源热泵系统与太阳能系统联合运行方面的研究。

二、地源热泵技术的原理和发展

　　从外部供给热泵较小的功耗,同时,从低温环境中,通过换热器吸收大量的低温热能,热泵就可以输出温度很高的热能,并送到需要的环境中去。从而达到将不能利用的低温热能回收利用起来,以实现高效节能的供暖制冷的目的。

　　近 20 年来,我国地源热泵技术已经形成集设备制造生产、材料供应、系统设计和工程安装为一体的产业链,伴随着我国植物工厂的发展,地源热泵系统必将有更大的发展。

　　地埋管式地源热泵技术具有投入小、效益高、生态、低碳、安全且可持续的特点。

第四节　植物栽培系统

植物栽培系统包括栽培技术和栽培装备两大部分。

一、栽培技术

植物栽培是整个植物生产过程中的首要环节。它是由植物栽培技术、形式、模式来决定的。

(一) 植物工厂栽培技术的发展

植物工厂栽培技术是不断发展完善的。植物工厂刚产生时,主要采用基质栽培技术,在这基础上又发展了营养液水培,使植物根系直接最大限度地吸收水分和营养,而且无任何障碍地生长。后来雾培技术的产生,使植物的水、肥、气的需求同时得到满足。由于雾培技术耗电量较大,因此潮汐培和湿润培技术相继诞生。它们既保持了雾培技术的优点,又克服了雾培技术的不足,用电量比雾培技术减少了90%。基质培、营养液水培、雾培、潮汐培和湿润培形成了植物工厂的完整的植物栽培技术体系。

(二) 植物工厂栽培技术的选择

植物工厂栽培技术的选择主要是根据植物栽培形式决定的,不同的栽培技术有与之配套的栽培形式。植物工厂栽培形式的根本特征是立体栽培。平面多层式、管道式立体栽培,采用的是水培或潮汐培,也可以用湿润培;圆柱式、塔式、多面体立体栽培,必须采用雾培;一体两面式立体栽培,必须而且只能采用湿润培;幕墙式、壁式立体栽培通常采用基质培,也可以采用潮汐培或湿润培。每一种栽培形式都会匹配一种或几种栽培技术。栽培技术与栽培形式的匹配,都必须坚持高产、高效、高质和节能的原则。

栽培技术的采用,也受所栽培的植物品种制约。生产不同植物品种所采用的栽培技术和栽培形式也是不一样的。叶类蔬菜一般采用圆柱式、多面体式、平面多层式、一体两面式、橱柜式、冰箱式立体栽培;茄果类、半蔓茎蔬菜可采用拱棚式栽培;番茄树等树类蔬菜栽培一般采用桶式基质栽培为主;石斛、参类植物一般采用平面多层基质栽培为宜;蘑菇菌类一般采用平面多层袋式栽培。具体栽培时要根据不同植物品种,选择相应的栽培形式和不同的栽培技术,特殊的植物品种要选择和调整与之相适宜的栽培形式和栽培技术。

二、栽培装备

植物工厂的立体栽培形式是通过不同形式的栽培装备实现的。栽培装备直接决定栽培技术实施的效果,直接决定植物工厂的产量和效益。每一个栽培装备的制作和生产都应该按标准严格执行,都应该按正确的生产、制作和使用工艺流程进行,任意一环节都不能出错。

(一) 一体两面式微型植物工厂装备

该设备是由支架、栽培床和储液池三部分构成的。支架是由槽柱、储液池支架和移动轮组成的,支架对栽培床和储液池起支撑作用;栽培床是由定植绵和栽培板构成的,栽培床对植物起固定作用并向植物根部提供水、肥、气;储液池是生产和储存营养液的器皿,主要功能是向植物根部输送营养液并把多余的营养液回收循环再利用。

一体两面微型植物工厂装备还包括供液管、循环泵、智能控制器、LED补光灯等器材,各个部分和各种器材按照各种不同的功能,进行科学的组合与配套,形成完整的栽培体系。在生产植物工厂装备时,一定要综合考虑植物品质、建设成本、持续利用、最新材料、生态环保和组合配套等多种因素,力求最佳。

(二) 复合型一体两面式微型植物工厂装备

该设备是一体两面式微型植物工厂装备的复合体。它是2套甚至3套一体两面栽培床的组合体,栽培面积比一体两面式栽培床扩大了2倍,而且少用了1套循环泵和智能控制器,降低了成本。

(三) 植物工厂栽培模式

植物工厂栽培模式有多种说法,但归纳起来可以概括为:生产环境设施化、形式立体化、资源节能化、过程数字化、管理智能化、技术集成化。

第五节　物理技术植保系统

在植物生产过程中,会遇到病、虫、菌等危害,直接影响植物的产量和品质,植物工厂里的植物也不例外。如何去除植物的病、虫、菌害,传统的方法都采用喷施农药的方式加以解决,但是其结果是造成了环境的极大污染、产品农药的残留、食品事故频发,并对人们的健康造成严重损害,用物理农业植保技术是唯一的选择、必然的趋势。

近年来,物理农业植保技术发展很快,它包括臭氧灭菌技术、磁化水灭菌技术、电功能水灭菌技术、紫外线灭菌技术和高压静电场灭菌技术等多项祛病灭菌技术,形成了完整的物理农业植保技术体系。这些物理农业植保技术在植物工厂中得到广泛应用并取得积极效果。

利用物理农业植保技术,具有成本低、见效快、效率高、操作简单、可持续利用、生态环保等特点,而且无任何副作用。

物理农业植保技术系统的形成和完善,颠覆了传统农业化学植保模式,解决了食品的安全问题,为我国绿色农业、有机农业的发展提供了根本保障。随着物理农业植保技术的发展和完善,农业化学植保将会被物理农业植保所代替。

第六节　补 光 系 统

一、补光的作用和意义

在植物生长的过程中,光和水、肥、气同等重要。绿色植物主要是由碳元素和氧元素组成的,植物中的碳、氧含量占整个植物重量的 90%。而植物对于碳的获取是植物叶绿体通过光合作用来实现的,植物只有通过光才能产生植物能,并进行物质生产,把二氧化碳和水加工成淀粉。光是植物获取能量的源泉,是植物生根、开花、结果全过程的动力。光来自大自然恩赐,是人类取之不尽、用之不竭的最大的资源。人类社会对光的探索也从来都没有停止过,到目前为止,已产生了 10 项与光合作用有关的诺贝尔奖。中国科学院植物研究所研究员沈建仁和日本岗山大学研究人员的研究结果显示：一种在光合作用中起关键作用的物质是光合膜蛋白超分子复合物 PSI-LHCI，更进一步揭示了光合作用高效能量转换的终极秘密。这一成果为在分子水平上阐明光合作用中高效利用光能的机制奠定了基础，为高效太阳能电池或人工光合作用系统的设计提供了可靠的理论依据，对解决人类社会可持续发展所面临的能源、粮食和环境等问题也有重大意义。

植物通过光合作用，贮存太阳能用于新陈代谢（实际上这种光合作用中光能只有1‰被利用）。但这种储存的能量必须与新陈代谢消耗的能量相对均衡，若前者大于后者，超过一定极限时，则会产生一种叫过氧化氢的毒素，导致植物中毒死亡。这种光合作用产生的过剩物被称为植物循环电子流。这种电子流连通或断开的"植物开关"的调节，对于保证植物安全和增产的意义重大。这种"植物开关"是如何运行的？人们期待着这第11项诺贝尔奖的产生！

"万物生长靠太阳。"太阳光是植物用之不尽、取之不竭的能量源泉。但是每当出现日落或阴雨天气的情况时，植物对光的需求不能得到满足，就不能正常生长。而在炎热的夏天，太阳光太强烈，植物的蒸腾作用速率超过呼吸作用，植物体内的水分减少，植物表现出停止生长、萎蔫甚至死亡。农业科学家们总结出植物对光的适应情况，表现为以下3种情况：一是光的饱和点，也就是光的上限值。用数据表示为 60000～80000 lx，超过了这个上限值，植物就会停止生长，甚至死亡。二是光的补偿点，也就是光的下限值，用数据表示为 500～1000 lx 以下，植物在这种环境下，光合作用也会停止。三是最佳值，用数字表示为 3000～50000 lx 之间，这是最适合植物生长需求的光照强度。果类蔬菜以 50000～60000 lx 为宜。

为了适应植物对光需求的特点，人们在植物工厂建设温室时，选择了白膜、PC阳光板和玻璃，就是为了满足植物采光需求。在建设植物工厂内部设施时，针对植物对光的饱和点，即光的上限值安装了降温避光设施。如排风换气扇、水帘降温和内遮阳、外遮阳等设施和设备。在设计栽培形式时，以安排距离的方式，便于植物采光。在选择栽培技术时，人们选择了水培、潮汐培和雾培以提高植物对不利生长温度的抗性。用补光等来解决植物的补偿点，即下限值。并且在植物工厂中设计、安装了植物专家系统，对温度、光度进行智能调节，始终保持植物对光需求的最佳值，以创造植物生长的最佳环境因子。

二、补光的选择

对植物光补偿点的补光，要实事求是、讲究科学。植物的多样性和日光的季节性、补光器材的合理性都要纳入考量中。

有的地方是全日照型，有的地方是半日照型；有的植物为喜强光型，有的植物为喜弱光型，各类植物的光饱和点和补偿点是不同的；植物在生长过程中的幼苗期、生长期和成熟期的光饱和点和补偿点也是不相同的。草本植物、木本植物、陆生植物、水生植物、气生植物的光饱和点和补偿点还是不同的。

截至现在,用于补光的光源灯具更是庞杂。目前使用的光源有以沼气为电源的、以光伏为电源的,还有发光二极管 LED 补光灯、涂荧光粉的荧光灯、激光源 LD 灯、红外线辐射的白炽灯等。白炽灯的发光效率低、热量大,容易灼伤植物。荧光灯单灯功率小、耗电大,激光灯成本太高。目前使用最多的就是 LED 补光灯。

三、LED 补光灯

LED 补光灯以发光二极管为光源,可代替太阳光应用在植物补光方面,特征表现为:波长类型多,光色多样,光照均衡,湿度低,体积小,寿命长,省电,光利用率高,光波适合植物的光合作用,而且光谱与植物光合成光形态相吻合。

实际上,植物生长所需要的太阳光不到整个太阳光光谱的 1/10。如何使太阳光可以同时兼顾植物生长和光伏发电,成为一个很有意义的重大课题。光合作用吸收光谱、太阳辐射光谱与晶硅光伏吸收光谱如图 6.2 所示。

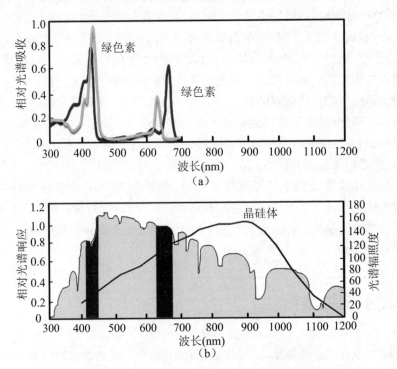

图 6.2　光合作用吸收光谱与太阳辐射光谱、晶硅光伏吸收光谱图

LED 产业的发展,给光伏农业与植物工厂带来新一轮的发展动力。LED 光源可以对植物生长进行补光,选择红蓝 LED 即基本覆盖植物光合作用所需的波长范围。蓝光二极管发明者获得了 2014 年的诺贝尔奖,LED 技术使近十年的发光效率大幅提升,成本大幅降低,同时 LED 光源系统还可对光质进行调控,实现对作物的近距离补光和脉冲照射。LED 光源已广泛应用于植物工厂,对光伏农业也起到很好的促进作用。全球最大的 LED 植物工厂(2300 m²)如图 6.3 所示。

图 6.3　全球最大的 LED 植物工厂

在使用 LED 灯补光时要注意的是:芯片、光谱和植物不同的生长期(植物苗期需要全光照,生长期适合红蓝光)。LED 灯是植物生长过程中理想的补光灯,但是购买的成本较高。2008 年国家财政部和发改委共同颁发了《高效照明产品推广财政补贴资金管理暂行办法》,对购买 LED 灯具实行补贴,有望降低购买成本。我国 LED 照明市场虽然巨大,但仍处于发展的初级阶段,市场上 LED 灯种类繁多,性能各异,技术仍不成熟,互换性差,核心技术缺乏,成本居高不下,LED 新品尚待进一步研发。不过,近年日本东京大学教授大津元一与特任研究员川添忠共同研发的新款硅胶制 LED,与目前的氮化镓(GaN)LED 相比,亮度提高了 3 倍,材料成本仅需氮化镓 LED 的 1/40,未来将会成为植物工厂补光的首选灯具。

中国科学技术大学刘文教授在植物工厂的光探测和反馈控制上成功研制出低成本、实用化的彩色探测器与光强控制系统,可以实时在线监测、调控植物生长光配方,存储、累积光照强度,为智能化植物工厂奠定了具有持续改进能力的技术基础。刘文教授还在国内外率先提出将部分可见光光谱分离并用于植物光合作用,其他光全部反射并用于聚光发电的综合型光伏农业系统;已经初步完成光谱分离和聚光发电的低成本、实用化方案和实验,可以根据植物的生长光谱需求,通过灵活的光谱分离技术将太阳光光谱有针对性地分离出来,大大提升太阳光的综合效能。这种方案不仅可以实现种植、发电两不误,还有利于水土保湿,同时大幅度增加单位土地产出,成倍增加农民收入。该创新性的研究工作也得到光伏领域专家褚君浩院士、光电子领域专家赵梓森院士、国内设施农业领域首席科学家杨其长教授的高度认可和支持,进一步发展有望取得具有国际领先水平和广泛产业化前景的重大成果。

第七节　信息传感系统

传感系统是由多种具有不同功能的传感器组成的传感集成体系。传感器技术、通信技术和计算机技术是现代信息产业的三大支柱,是信息产业的感官、神经和大脑。传感器是信息采集的重要部件,鉴于传感器的重要性能,世界各国都将其列为重点发展的关键技术。

一、传感器的定义

传感器的定义有很多:① 传感器是指能感受到被测量并按一定规律转换成可用信号输出(通常为电信号)的器件装置。② 传感器是指能把非电量转化成电量的器件。

二、传感器的组成、原理及作用

传感器是由敏感元件、转换元件和测量电路三部分组成的。传感器工作流程是敏感元件—被测量参数—转换元件—测量电路—传感器输出。

传感器通过敏感元件获取被测量信息参数(或系数),再通过转换元件转换成电信号,然后通过测量电路向传感器外的计算机专家系统输出。

传感器的作用:① 收集被测量信息;② 信息数据的转换和传递。

三、传感器的分类

传感器应用十分广泛,根据被测量的对象、作用、形状、有线/无线、原理、信号、能源、特性的不同,可分为若干类,形成庞大的传感器系列。就植物工厂所用传感器而言,有温度传感器、光照传感器、二氧化碳传感器、营养液浓度传感器、营养液离子传感器、营养液酸碱度传感器、环境温度传感器、根部温度传感器、叶面水膜传感器等。

四、植物工厂内传感器的参数和管理

(一) 叶片水膜

叶片水膜是叶片蒸发系数相关的参数。通过它可以保持任何植物在任何环境下的水分平衡。通过对叶片蒸腾的观察与微调以实现每种植物的最佳叶片水膜。这个参数是通过智能叶片传感器感知的,晴天的水膜参数一般在 80~98 之间,水膜极正系数在 100~200 之间。

(二) 空气湿度

空气湿度一般专家设定参数在 80%~90% 之间为宜,在实际生产中,要根据植物的特性以及天气变化来确定、调节,这是空气湿度传感器可感知的。

(三) 高温极限

在高温的伤害下,大多数植物都将相应地产生生理障碍,影响植物的生长发育,植物工厂内高温极限的设定值为 36 - 38 ℃,根据不同情况可进行人工调整。温度的参数是通过环境温度、根部温度、叶片温度传感器感知的。

(三) 光照时间和强度

光照时间又叫光周期,光周期时间过长或过短都会导致植物休眠或停止生长发育,应该在系统中选择不同的时间区段(8:00~10:00、10:00~12:00、12:00~14:00)。光照强度要根据植物特性设定。喜阳植物可设定光照参数为 4 万~6 万 lx,喜阴植物应选择 2 万~4 万 lx,中性植物应选择 4 万~5 万 lx 为宜。光照时间是通过光传感器感知的,可以在系统中根据不同的情况进行调整,光照强度可在系统中选择。光的强度是通过光照传感器感知的。

(五) EC 值

EC 值是营养液浓度参数的单位,EC 值是根据植物的不同生长阶段来确定的。

(1) 愈伤组织的 EC 值为 0.6~0.8 ms/cm。

(2) 幼苗期的 EC 值为 0.8~1 ms/cm。

(3) 生长期的 EC 值为 1.2~1.5 ms/cm。

(4) 成熟期的 EC 值为 1.5~2 ms/cm。

营养液的 EC 值是通过 EC 值传感器感知的。

(六) pH 值

pH 值是测量营养液酸碱性的显示,pH 值显示为 7 即为中性,高于 7 即为碱性,低于 7 即为酸性。植物多数在偏碱或偏酸性液中都能生长,但在 pH 值显示 9 以上时,植物就不能生长,它阻碍了植物对有关元素营养的吸收,导致黄化甚至死亡。在 pH 值显示为 5 以下时为强酸性,也会造成植物中毒死亡。植物工厂中的 pH 值显示为 5.8~6.8 之间时适宜植物生长,最佳 pH 值为 6.5 左右。pH 值是通过 pH 值传感器感应的。

(七) 离子显示

由于营养液是闭环式循环使用的,有时会出现营养液中部分元素已被吸收,而部分元素还会出现累积,掌握这些情况是十分重要的。应正确做到合理添加养分,避免浪费。这要通过离子传感器来感知。

随着科技不断进步,新的技术不断出现,必将有更多的、更先进的传感器在植物工厂中得到更广泛的应用,使植物工厂数据化、智能化程度更上一层楼。

第八节　计算机植物专家系统

计算机植物专家系统(简称植物专家系统)是利用特定领域中的专家知识、经验编写的,并用于农业领域的计算机技术或者说计算机程序。它利用大量知识解决只有专家才能解决的问题具有专家的科研成果和经验结晶,具有最标准的操作、最科学的管理,是植物工厂中的核心技术。

一、计算机植物专家系统概况

计算机植物专家系统的出现,起始于 20 世纪 70 年代后期,最早的系统是美国

Illinois 大学的植物病理学家和计算机学家共同开发的大豆病害诊断的专家系统——PLANT/DS,到 20 世纪 80 年代中期有了迅速的发展。

1993 年,美国农业部建起世界上最完整的农业数据库,该数据库存储了由 130 个国家提供的 300 万篇农业文献。

1996 年,国际植物保护生物技术会议展示了国际植物检疫数据库,同年美国也举办了数据库展示。数据库的建立为植物专家系统的建立奠定了坚实的基础,数据库建立在信息网络技术的基础上,并得到飞速发展。到 1995 年为止,美国已建立 1000 多个领域里的专家系统;日本有 400 多个,美、日两国的专家系统占世界专家系统总量的 80%,其他国家仅占 20%。

在植物专家系统的建立方面,我国起步较晚,但我国已把专家系统建设上升到国家战略高度,积极推动,使我们的数据库建设和信息网络技术不断向前发展,国家在"十三五"时期实施大数据战略,大有后来居上的势头。

1998 年,中国学术期刊电子杂志社收集了 16000 多篇文献,其中农业相关的文献多达 3393 篇。

另一方面,我国加快了数据库、信息网络技术建设的对外交流与合作,先后 6 次举办国际计算机及计算机技术在农业中的应用研讨会。

据资料显示,2009 年 6 月 8 日在深圳召开了由全国农业技术推广服务中心举办的全国农业植物检疫管理系统应用研讨会,我国植物检疫管理专家系统已进入第二代了。目前,我国所有的植物工厂都在使用计算机植物专家系统进行智能管理。

二、计算机植物专家系统简介

植物专家系统(图 6.4)是一种计算机程序,是一种模拟专家能力的计算机系统,是由各组成部分和组织形式的构件构成的。它是人工智能的一个方面。

(一) 植物专家系统的特点

1. 启发性
能应用专家的知识和经验进行推理和判断。

2. 透明性
能够解决推理过程,解决用户的问题。

3. 灵活性
能不断地增长知识和修改原有知识。

图 6.4　植物专家系统设备

(二) 植物专家系统的构成

植物专家系统主要是由知识库、推理机、人机接口、解释机构、知识获取接口、综合数据库等 6 个部分构成的。其中知识库、推理机和知识获取接口是其核心内容。

1. 知识库(知识集合)

这是存储从专家那里得到的知识、经验的信息数据库,包括知识和经验两部分。

2. 推理机(规定选用知识的方式)

根据知识库中的知识推导出一定结论。具有执行各种任务、推理和探索的功能。

3. 人机接口(人机界面)

这是专家与用户通过文字(或图像)交流的接口,使用户获得信息或命令的识别及其结果。

4. 解释机构(或解释程序)

解答用户对系统的咨询,回答推理结果并对其结果进行测试。

5. 知识获取系统接口

该接口具有对知识库进行增删的操纵功能。

6. 综合数据库

用于暂时存放推理结果或事实。

(三)计算机植物专家系统的应用范围

计算机植物专家系统广泛应用于农业作物栽培、植物保护、配方施肥、农业经济效益分析、市场销售管理等。

三、计算机植物专家系统的使用

计算机植物专家系统的功能性更强,操作方便。

(一)计算机植物专家系统功能菜单

打开植物专家系统,系统主界面即显现在机屏上。界面上立即显示系统开机运行的基本信息(通信信息、检测工作状态、专家运行状态),若显示"所有通信正常",就表示上下位机通信无故障;若显示"♯♯区通信故障"即提示应立即排除故障。如果一切正常,则可按键进入"主菜单"。系统立即显示"主菜单"内容。它包括基地建设、环境检测、设备监控、系统参数、系统自检、运行监视和产品信息等7个方面。如果了解"专家弥雾"情况,即可点击"基地设置",系统界面立即显示基地设置的各方面内容。可根据这些副菜单查看相关内容,也可以根据需要调整这些内容。

(二)计算机植物专家系统安装

1. 分机安装

计算机植物专家系统主要由主机和分机两部分组成。主机是主控制系统,分机是根据植物工厂内的规模,分区进行管理的系统。1台分机可以分管8个电磁阀,植物工厂规模越大,电磁阀越多,分机也越多,1台分机就控制1个大区、8个小区,依此类推,如有10个大区就需要10部分机、80个电磁阀,但主机仅用1台就可以了。各个分机(或分控器)只要两根通信线,从T_1和T_2两个分控器端口与主机两个通信端口连接就行了。

主机控制柜就是植物专家系统。植物专家系统由主机控制器、数据采集模块(KNABIS)、开关量控制模块(KNAAOS)及强制手动控制模块组成。主机通过RS485总线与数据采集模块连接,实现对开关量模块控制参数的设置及采集上传数据的实时显示。数据采集模块通过终端传感器采集并实时传送温度、湿度、光照度参数到主机。主机对参数采集数据进行综合分析与计算后输出系统控制状态,由于开关量控制模块通过继电器组或交流接触器组控制和连接设备(如水源等)的启停,实现系统智能化控制。强制手动控制主要用于系统调试或者计算机发生故障时应急使用。

2. 主机控制柜与外接设备的连接

主机部分出厂时已连接完好,并与接线板上面部分相连通,用户安装时,只需根据接线板上已标明的位置进行连接就可以了。

3. 主机故障与维修处理

主机在一般情况下是不会出现故障的,如果出现故障,请参考主机故障分析与维修处理表。

植物专家系统是新兴的智能农业技术,在生产过程中不断完善、不断创新、不断发展。

第九节　　二氧化碳供给系统

二氧化碳是一种取之不尽、用之不竭的免费气体肥料。在一定范围内,二氧化碳的浓度越高,植物的光合作用也越强,因此,二氧化碳是最好的气肥。美国科学家在新泽西州的一家农场里,利用二氧化碳对不同作物的不同生长期进行了大量的实验研究,他们发现在农作物的生长旺盛期和成熟期使用二氧化碳,效果最显著。在这两个时期中,如果每周喷射两次二氧化碳气体,在喷上 4～5 次后,蔬菜可增产 90%,水稻可增产 70%,大豆可增产 60%,高粱甚至可以增产 200%。气肥发展前景广阔。

光合作用是植物的叶等光合器官利用光能将二氧化碳和水化合成糖和淀粉等碳水化合物并放出氧气的生物过程。植物产量的增加就是碳水化合物的增加。碳水化合物作为能量用于植物的根、茎、叶等器官的生长。

植物的光合作用是二氧化碳的吸收过程,植物的呼吸作用是二氧化碳的排放过程。当光合作用略大于呼吸作用时,植物体内的二氧化碳才能积累,才能促进碳水化合物的产生。二氧化碳是一种植物生长必不可少的气肥,它直接影响植物的产量,当光合作用小于呼吸作用时,就应该采取人工措施补碳。

一、二氧化碳的产生

二氧化碳产生的方式很多,通常从以下几种方式获取。

（一）酒精酿造生产中产生二氧化碳

在酒精酿造工业生产中产生的一种副产物就是二氧化碳，而且是多种形态（气态、液态和固态）的纯净的二氧化碳。当气态的二氧化碳压缩在钢瓶内就成了液态二氧化碳。固态的二氧化碳叫作干冰，在常温下可以升华成气态。

（二）碳氢化合物燃烧产生二氧化碳

碳氢化合物如液化石油气、天然气、煤油、石蜡、丙烷等燃烧可产生纯净的二氧化碳。

（三）强酸和碳酸盐化学反应分解、释放出二氧化碳

用碳酸钙（或碳酸钠）与硫酸反应可以产生二氧化碳。

（四）空气分离产生二氧化碳

空气在低温下液化蒸发分离出二氧化碳。

总之，产生二氧化碳的方法很多，在生产二氧化碳时，应该选择资源丰富、取材方便、设备简单、操作便捷、生态环保、节约能源的方式并注意实际效率和经济情况等多种因素和考量。

二、二氧化碳施肥装置及智能调控

二氧化碳施肥装置即二氧化碳发生器，根据二氧化碳来源的形成，产生了多种装备，但主要以下面几种为主。

（一）以碳氢化合物为原料的二氧化碳发生器

碳氢化合物包括天然气、煤油、白煤油等，以它们为原料进行燃烧并配以控制燃烧量、通风速度等的辅助器材装配而成发生器，这种二氧化碳发生器融二氧化碳产生和使用为一体，比较方便。

（二）吊袋式二氧化碳发生器

这种发生器是把碳酸钙颗粒与硫酸颗粒按一定比例装在一个塑料袋中（不密封，留小孔释放二氧化碳），吊在温室内即可。这种吊袋式二氧化碳发生器材料价格低廉、方法简单，但会产生残渣余液，不利于环保。

（三）瓶装二氧化碳发生器

瓶装二氧化碳发生器是把气态二氧化碳加压成液态装入钢瓶内，配以流量计和过滤器等调控附件。这种二氧化碳发生器应用广泛。

三、二氧化碳发生器使用和安装过程中的注意事项

（1）二氧化碳发生器安装后，应根据植物工厂面积大小来决定其使用量。植物工厂中二氧化碳的使用应遵循以空气补充为主、设备补充为辅的方针，尽量节约、节能，可根据二氧化碳传感器的检测结果、计算机植物专家系统调控其用量，做到科学使用。因为若二氧化碳量少了，满足不了植物光合作用的需要；若二氧化碳多了，会造成植物中毒而限制植物生长。

（2）二氧化碳发生器在安装过程中，要合理布局、分布均匀，以免影响效果。

（3）二氧化碳发生器一定要装在温室的上部，这是因为二氧化碳的密度较大，自上而下活动，若二氧化碳发生器管道装在植物的根部，将会造成浪费，起不到二氧化碳的增补效果。

（4）春夏季节光照充足而且植物生长旺盛，碳元素需求量大，空气中碳元素相应减少，植物需要补充碳气肥料。而在秋冬季节，光照逐渐减弱，植物对碳元素需求减少甚至还要向外排碳，空气中碳元素增加，在这种情况下，要停止补碳并且要保持植物工厂中空气流通，以降低室内空气中的碳浓度。

总之，二氧化碳是一种气肥，是植物工厂中一种重要的环境因子和肥，力求做到安全、科学、充分使用，并减少其他肥的使用，以降低成本。

第十节　物联网系统

计算机互联网的产生与发展，为智能农业、精准农业的产生和发展提供了强大

的技术支撑,但是人们并没有就此止步。在这个基础上,科技又把互联网向前延伸和拓展为人与人之间、物与物之间、人与物之间可以直接进行互通互联的泛在网络技术。这种新技术被称为物联网。

一、物联网概述

(一) 物联网定义

到目前为止,物联网的定义已有很多种,但没有一个统一的、被广泛认可的定义。为了便于全面了解和加深认识,下面提供几种供读者参考。

(1) 物联网是一种通过射频识别(RFID)、红外感应器、全球定位系统、激光扫描等信息传感设备,按约定的协议把任何物品与互联网连接,进行信息交换和通信,以实现智能化识别、定位、跟踪、监督和管理的网络概念。它是一种在互联网基础上,将其用户端延伸和拓展到任何地方、在物品与物品之间进行信息交换和通信的网络概念。

(2) 物联网就是物物相联的互联网。

(3) 物联网是一个基于互联网、传统电信网等信息承载体,让所有能够独立寻址的普通物联对象实施互联互通的网络。

(4) 物联网是一个动态的全球网络基础设施。它具有基于标准和相互操作通信协议的自组织能力,物理的、虚拟的特性和智能接口,并与信息网络无缝整合。

(5) 物联网是媒体互联网、服务互联网、企业互联网一起构成的未来互联网。

(二) 物联网发展概况

1999 年,在美国召开的移动计算机和网络国际会议首先提出了"传感网"这个概念,并提出传感网是 21 世纪人类迎来的又一个发展机遇。

同年 Ashton 教授在计算机互联网的基础上,利用射屏识别技术、无线数据通信技术等构建了一个全球物品信息实时共享的实物互联网,简称物联网。

2003 年美国《技术评论》评价传感网络技术将是未来改变人们生活的十大技术之首。

2005 年 11 月 7 日,在突尼斯举行的信息社会世界峰会(WSIS)上,国际电信联盟(ITU)发布《ITU 互联网报告 2005:物联网》,正式引用了"物联网"概念。

物联网应用广泛,不仅可以提高传统产业的效率,还可以提高整个社会的智能化水平,降低社会成本,未来发展空间巨大。

根据科学资料显示,物联网的产值是互联网的 30 倍。物联网已成为全球各国发展战略,各国纷纷制定规划,蓝图已经明朗,相关技术不断成熟。

2009 年 8 月 7 日,温家宝在视察中科院无锡微纳传感网工程技术研发中心时指示,要加快推进物联网发展,在无锡建立"感知中国"中心。2010 年 3 月在政府工作报告中,明确提出将"加快物联网的研发应用"纳入重点产业。

2011 年 11 月 28 日,工业和信息化部发布了我国《物联网"十二五"发展规划》。2011 年 12 月 30 日,农业部发布了《农业科技发展"十二五"规划》,规划中也强调了"加强研究物联网在农业生产管理经营中的应用"。

2012 年传感世界暨物联网应用峰会(中国上海)传感器展览会于 2012 年 10 月 30 日至 11 月 1 日在上海召开。第三届中国国际物联网(传感网)博览会于 2012 年 10 月 25 日在江苏无锡开幕,主题是应用带来商机、示范创造市场;会上宣布了我国物联网技术获重大突破和无锡市率先实现智慧交通车联网。

(三) 物联网的特征和分类

1. 物联网的特征

物联网中的"物"是有特殊含义的:① 要有数据传输通路;② 要有一定的存储功能;③ 要有操作系统;④ 要有专门的应用程序;⑤ 要遵循物联网的通信协议;⑥ 在世界网络中有可被识别的唯一编号。正因为物联网的"物"具有特殊的涵义,从而使物联网具有以下特征:普通对象的设备化、自制终端互联化、普通服务智能化。

2. 物联网的分类

物联网可分为不同种类:① 私有物联网(Private LOT),一般向单一机构内部提供服务;② 公有物联网(Public LOT),向公众或大型用户群体提供服务;③ 社会物联网(Community LOT),向关联的社区或机构提供服务;④ 混合物联网(Hybrid LOT),是上述的两种或两种以上的物联网组合,但后台则有统一的运行实体。

3. 物联网的特点

物联网整体可分为传感、连接和信息处理三步,具有以下特点:① 连接各种传感器和射频识别、图像视频传感器、声音、红外线传感器等,设施采集声、光、电、温、力学、化学、生物、卫星等各种信息;② 采用泛在网络,包括互联网等多网融合;③ 具有感知信息的智能处理与利用的能力。

二、农业物联网

农业的功能包括生产食物、环境保护、生态平衡。农业生产的食物怎样保障人们的健康安全? 是否能保障健康安全? 怎样让人们吃得安心,吃得放心,吃得开心? 这就要借助于农业物联网把生产者和消费者进行互通互联。

(一) 农业物联网的定义

农业物联网就是物联网技术在农业生产管理经营中的具体应用。通过操作终端及传感器采集各类农业数据,通过无线传感器网、移动通信网实现无线传输,通过终端来实现有线传输。农业物联网的作用主要表现为:① 通过射频识别技术(RFID)用于农产品、生产单位和消费者身份识别与产销履历记录;② 无线传感网络结合传感器,与无线网络提供生产与流通环境数据(温、湿、光等),这些信息让消费者了解食品从田间到餐桌的变化,让生产者用以分析和改变生产形式;③ 移动技术(手机、电脑、可视电话)可以让人在任何时间、任何地点与物进行沟通;④ 微化技术让整个过程能无声自动进行与方便操作。

总之,农业物联网让农产品来可追溯、去可追踪,信息可存、责任可究。

(二) 农业物联网的架构

农业物联网是由感知层、网络层、应用层组成的。图 6.5 为农业物联网架构示意图。

1. 感知层

由各种传感器、读写器、北斗卫星导航系统(BDS)等组成,具有信息采集功能。实时对物理世界进行智能感知、识别、信息采集、处理和自动控制,并通过信息模块将物理现实体连接到网络层和应用层。

2. 网络层

网络层是由私有网、互联网、有(无)线通信网、管理网、云计算等组成的,具有信息传输和处理功能;实现信息的传递、路由和控制,包括延伸网、接入网和核心网。网络层可依托电信网和互联网或专业通信网。

3. 应用层

用户与物联网的接口相连,主体是应用基础设施——中间件作为物联网提供信息处理、计算等基础服务的设施,能力和资源调用的接口,实现物联网在农业众多领域的应用。

农业物联网的核心是应用创新、用户体验。

我国物联网现已迎来发展最佳机遇期,政府已把发展农业科技提到突出的位置。我国农业部制定的《农业科技发展“十二五”规划》中,明确提出加快研究农产品电子标志,研究物联网在农业生产中的管理、经营和应用。工业和信息化部特制订了我国《物联网十三五发展规划》。这一切都表明随着我国物联网的快速发展,必将推动我国精准农业、智能农业的腾飞。

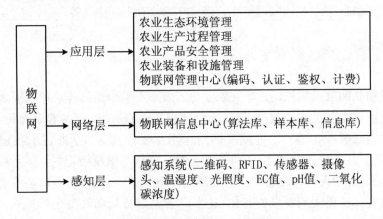

图 6.5　物联网架构示意图

2015 年,互联网巨头——谷歌公司的执行董事长埃里克·施密特(Eric Schmidt)在瑞士达沃斯经济论坛座谈会上大胆预言:互联网即将消失,一个高度个性化、互动化的有趣世界——物联网即将诞生;未来将有数量巨大的 IP 地址、传感器、可穿戴设备以及虽感觉不到却可与之互动的东西,时时刻刻伴随你。美国市场研究公司 Gartner 预测:到 2020 年,物联网将带来每年 300 亿美元的市场利润,届时将会出现 25 亿个设备连接到物联网上,并将继续快速增长。由此带来的巨大市场潜力已经成为美国科技公司新的增长引擎,包括思科、AT&T、Axeda、亚马逊、苹果、通用电气、谷歌与 IBM 等在内的公司争相抢占在物联网产业的主导地位。在 2015 年 1 月 9 日落幕的 2015 国际消费电子展(CES)上,物联网概念成为最大看点之一。智能家居、数字医疗、车联网等产品的推出使得物联网技术真正服务于智能生活。"物联网不是趋势,而是现实。"以互联网、物联网、大数据、云计算为特征的农业 4.0 时代已经到来。

未来农业物联网的应用范围将更加广阔、技术更加细化、更加高端、更具人性化。

(三) 物联网远程检测、监控与追溯

把物联网技术与植物工厂装备融合,使用 GPRS 通信、云端平台、远控技术,对植物工厂及装备植物生产实现视频监控、溯源追踪、在线检测、终端显示等多项功能。

第七章　植物工厂的植物物理促长技术

为了促进植物快速生长,植物工厂采用了植物生长环境智能控制技术,创造了植物生长环境最佳因子;在防治植物病虫害方面,植物工厂中采用了现代物理农业技术,使植物健康生长;根据植物生理特性,植物工厂中还采用了植物声频促长技术和微风促长技术,以达到高产、高效。

第一节　声频促长技术

常言道:人非草木,孰能无情;草木无情,人孰无情。这些话的意思是说草木是没有情感的,只有人才有情,人应该有情。其实,人们误解了草木,草木也是有情的,这早已被我们先人所感知;宋代大科学家沈括的著作《梦溪笔谈》中记载的"草木知音"的故事就描写了声音对植物表述的影响[26](据说当时有位作曲家高邮人桑景舒,创作了《虞美人操》的曲子,弹奏时植物虞美人的枝叶舞动起来),古人发现"雷电所及草木旺",就是雷声和电磁对植物影响的感知。

一、有趣的实验

声音能否促进植物生长?科学家做过以下多种实验:

(1)在原野里放一台声频发生器,放出各种特定频率的声波音乐,使声波的频率与植物固有的生理系统波频相一致,产生共振,从而提高植物活细胞内的电子流的运动速度,促进植物对各种营养元素的吸收、传输和转化。不久后,科学家惊奇地发现靠近声频发生器的草木比离声频发生器远些的草木长得快些、旺些。

(2)科学家选择在同一株番茄植物上,用两只同样大小的番茄做对比实验,把耳机套在其中一只番茄上,然后通过耳机播放音乐,实验结果完全出人意料,那只被套耳机听音乐的番茄竟然长到 2 kg,比没有听音乐的番茄大几倍,科学家据此得出结论:人们在栽培植物时,要和植物进行"心灵"沟通,随时了解植物"心理"需求,采取措施,给予人性化关怀,愉悦植物"心情",使其充满活力,激发植物最大生长潜能,使其健康、快速生长。

音乐为什么会促进植物生长呢? 这是因为音乐产生的声波对植物细胞产生刺激后,会促使细胞内的养分受到声波震荡而分解,并让它们能在植物体内更有效地被传输和吸收,使植物的生理活性与代谢功能保持旺盛。从而,影响植物的物质交换速度和增强植物酶活性,使植物钙素激活,提高叶气孔开度,呼吸更多的二氧化碳,增强代谢功能,促进光合作用,增加碳元素积累,并达到提高产量、提高质量、提前早熟、增强抗病的目的。

二、声频控制技术的开拓者

我们现在已经知道音乐对植物生长会产生促进作用,我们不会忘记植物声频控制技术的开拓者——美国著名科学家丹·卡尔森先生。

丹·卡尔森受大自然启示,于 20 世纪末,从鸟鸣的现象入手开始了长达数十年的植物声频控制技术研究,并最终掌握了鸟鸣的声波频率在 3000 k~5000 kHz。从声学角度来说,这是一种能产生谐振的谐音,这种声音与植物的自发声波进行共振,从而影响植物细胞的代谢发育与叶片保卫细胞的胀缩形变,促进叶片气孔开启,张度增大,便于吸收更多的水、气、肥,促进光合作用,促进植物的生长。当丹·卡尔森发现这个植物与鸟鸣之间的关系后,他开始对各种自然声源进行进一步的仿生模拟研究,开发出以鸟鸣和蟋蟀声为主体的声音处理技术,把声音录音制成音箱播放(最早的声波振动仪或声波发生器),后来他又把声波控制技术与植物叶面喷肥相结合,形成声波喷雾技术并在实践中应用,创造出神奇的效果,使植物对叶面肥的吸收率提高了 300%;他利用自家核桃园中的核桃树做声波喷雾技术实验,使核桃树生长速度提高了 3 倍,而且材质纤维更密,更抗病虫害。丹·卡尔森还通过声波技术激发植物体内的弱磁,产生植物能量诱导效应,使植物部分基因发生突变,对植物后代产生遗传效果,为声波技术用于生物制种开辟了道路。丹·卡尔森后又利用声波喷雾技术让番茄植株巨型化(5 m 高),培养出高 1 m 以上的大白菜,成功地开启了植物声频控制技术新学科。

我国著名科学家侯天侦教授经过多年对植物的研究,最终发现植物具有类似于人体经络的控制系统,从而创立了植物经学说,从根本上解决了植物有情的理论问题,大大推动了植物声频技术的研究与发展。

三、声频促长技术简介

植物声频促长技术就是一种利用现代装置播放与植物固有声波频率相一致的声响,促进植物生长的物理农业技术。

植物声频促长技术的原理是:利用人工装置发出声波,与植物声波产生共振,激活植物活牲,增加叶片气孔开度,促进植物吸收水、肥、气等各种营养,加快植物功能的发挥,达到增加产量、提高质量、减少植物病害、缩短植物生长周期、降低成本的目的。

(一)在植物工厂中使用植物声频控制技术

1. 增加产量

近年来,在辽宁的沈阳、大连、丹东、锦州,河北的唐山,江苏的张家港、常熟、昆山、吴江,新疆生产建设兵团,吉林的四平,安徽等地使用了植物声频仪,都收到显著效果。实践证明,叶类蔬菜可增产 30%,黄瓜、西红柿等瓜果类蔬菜和樱桃、草莓等水果增产 25%,玉米类大田作物增产 20%,平均增幅在 20%~30%之间,尤其在植物工厂中对速生叶类蔬菜使用的效果更佳,增幅可达到 30%~40%。

2. 提前早熟

声波仪帮助植物加强呼吸作用,加快植物能量转换速度,提高植物营养吸收和运转能力,使植物表现出旺盛的生长状态,从而达到早熟的功效。实践证明,使用植物声波仪,可使玉米早熟 7~10 天,叶菜类早熟 3~5 天,茄果类早熟 5~8 天,从而降低管理成本,提高复种指数。

3. 提高品质

植物声频控制技术的使用,能够驱除一些敏感害虫,声波使其产生厌恶感,影响正常进食,使其难以生存,不能繁育或自动离开,尤其对蚜虫、红蜘蛛更具有明显的驱逐效果。实验证明,声波在促使植物进行光合作用的同时,也促进植物酶的合成,从而促进植物蛋白质、糖和有机物的合成,西红柿含糖量提高了 20%,植物品质也大幅提高。

(二)我国声频促生技术使用现状及其展望

我国科技部与侯天侦教授合作开发出我国首台植物声频仪;后来中国农机院机电所等不少科研院所和企业也开始研发并生产出植物声频促生仪、植物声波助长器、谐振促生仪、声频发生器等多种以音乐或其他声音促进植物生长的仪器,有些已经在植物工厂中进行使用,但是科学使用是至关重要的。

植物对音的要求是比较高的。音量太小,不能产生作用;音量大了,噪音反而不利于植物生长,必须是轻微的、单音节的,如:钟声,鸟、蛙、虫、蝉鸣,水声,古典音乐类。每周 3～4 次,每次时间为上午 5:00～8:00 或下午 3:00～4:00 为宜,音频有效半径一般为 50～60 m。

随着人们对植物声频技术更进一步研究,植物工厂更进一步普及,植物声频控制技术的使用一定会在植物工厂生产中得到广泛应用。

第二节　微风促长技术

风是空气流动形成的气流,风对植物生长也会产生影响。当风速接近 17 m/s 时,强风迫使植物叶片气孔关闭,植物多种功能不能正常发挥,生产缓慢或停止;当风速大于 17 m/s 时,风可造成植物机械损伤和倒伏,造成植物减产和绝收;干热风使植物结实率低,籽粒变轻,导致植物早衰、青枯,在植物开花的季节,大风卷起沙尘,影响植物花的柱头授粉、受精,降低坐果率,但微风却最适宜植物发育生长。

(1)在春暖花开的季节,微风使植物授粉率提高,受精率增加,从而产量增加。

(2)在夏季烈日炎炎的天气下,微风不仅能带走植物群体的热量,而且可使植物气孔开度增大,植株蒸腾加快,植物的叶温和体温降低,避免植株受到高温的伤害。

(3)在秋冬和早春的夜晚,微风可以增加地面空气的交换量,把上层的热量下传,可减少地面降温,使植物免受地面低温的霜害。

(4)微风可以调节植物群体内的温度,使植物生长整齐度得到提高,便于植物均匀地接收各种营养,便于统一采收和整体出售。

(5)二氧化碳是植物进行光合作用的重要因子,但它的密度较大而下沉,造成浪费,微风可减缓二氧化碳的下沉,以提高植物的碳吸收,增加光合作用量,促进植物生长。

(6)微风使植株轻微摇曳,使植物产生愉悦的感应,叶气孔开度最佳,细胞和酶活力增强,多种功能发挥最充分,导致植物根系分蘖加快,缩短了植物的生长周期。

(7)正其行,通其风,微风可使空气流通,有利于植物吸收更多的二氧化碳,提高光合作用效率。

(8)"春风吹又生"揭示微风能降低空气的湿度,增强蒸腾作用,促进植物代谢功能(大风使温度降低,叶气孔关闭,蒸腾作用丧失,代谢功能减弱,阻碍植物生长)。

多年农业实践经验的积累和植物学家反复进行的科学实验,都证明微风有利于并促进植物生长。于是,人们就开始利用微风促长技术,开发出多种产品和装置,广泛用于农业生产中,取得了明显的效果。现在微风促长技术已在植物工厂中得到应用,成为物理农业技术的一部分。

第三节　磁生物处理技术

我们生存的地球由于雷电作用就自然地形成空间大电场、大磁场。生物体本身存在铁等磁性物质,在生理活动中产生各种不同的微磁场。由于空间磁场与生物磁物质产生磁生物效应,促进和影响着植物酶系统加快矿物质代谢,产生更多的ATP能量,表现为植物光合效率提高、矿物质吸收加快、水分代谢加速、叶绿素含量提高、碳积累增多,从而使生物生长效率提高。

没有地球的磁场,就没有生物的生长和进化(包括人类),地磁场是产生生命体的主要因素之一。

一、磁的概念

(一) 磁生物学研究的产生

20世纪60年代,苏联植物生理学家发现地球的磁场对植物生长存在一种"超磁"效应,植物的根系向地球的南极或人造南极方向生长,植物不仅有向水性、向光性、向肥性,还有向磁性。磁会对植物产生一定的作用。植物对磁场有一种特别的敏感性,这是一种真正的第六感,此项发现向人们展现了一个不曾了解的科学领域。

磁生物学在农业上的应用研究,是从"超磁"现象发现后开始的。研究表明:用磁场处理植物(或增施带磁粒的磁化肥或经磁化水灌溉),不仅能促进农作物种子萌发、植株生长,还能增加产量和提高品质,并能增强多种呼吸氧化酶的活性和呼吸作用。

(二) 磁处理技术

这是一种利用磁来促进植物生长的农业物理技术。具有对植物生理损伤小、操作简便、快速高效、降低成本、生态环保的特点。磁处理技术还包括磁肥、磁化水的生产和使用。磁肥是指一种含有磁粒的物理肥料。磁化水是指普通水以一定流量、流速流入磁场，水体垂直切割磁力线而产生电磁感应的水。

二、磁处理技术的作用

生物磁可作用于植物种子和植物体两个对象。

(一) 对植物种子的作用

磁可增强种子氧化酶活性，加快种子吸水过程，促进种子呼吸，加快营养物质的吸收，保持种子活力，以使种子快速健康萌发。

(二) 对植物体的作用

主要表现在以下几个方面：

(1) 对电子传递的影响：在植物生命过程中，存在着氧化还原反应，伴随着电子的传递过程，而磁场对这个过程产生作用。

(2) 对自由基活动的影响。植物的光合作用伴随自由基的产生、转移和消失，它具有较大的化学活性，它所带的自旋磁场与外磁场作用，使自由基活动受影响。

(3) 对生物膜通透性的影响。植物的生物膜对钠、钙、钾等离子的主动和被动输送对植物的新陈代谢、能量交换有一定影响，磁场的作用会提高膜的通透性。

(4) 对蛋白质和酶活性的影响。磁场可以影响酶的活性及新陈代谢。

(5) 对遗传基因的影响。DNA 具有复杂的双螺旋结构，磁场能对 DNA 中氢键的变化起作用，从而导致遗传的变异。

三、磁对多种植物产生影响的实验

唐淼、易业雄、王展、王昱力等在进行磁对多种植物生长的影响的对比实验时，在植物根部放上磁铁，为其提供外加的强力磁场进行实验，其结果是：放有磁铁的番茄植物比没放磁铁的番茄在 1 个月后茎长 0.06 cm，叶也长了、宽了，花蕾不仅多了而且花早开 8 d。这说明磁对促进植物生长、提高品质产生作用。2004 年上海农科院郭佩来、王少欧等在利用磁化水浇灌番茄的实验中，使番茄增产幅度达到10%～46%。《磁力对生物的作用》一书指出：植物的叶绿体是一种晶体结构的半导体,在日光的照射下,由于叶绿体的电磁特性发生极其显著的变化,它的导电力大大增强,可以把二氧化碳和水转化成糖和淀粉。根据这一原理,科学家对植物施用带有磁粒的磁化肥,结果显示:小麦的产量可以提高 25%,水稻可以增产 10%,蜜橘不但结实多而且更加可口。

四、磁处理技术在生产中的应用

磁处理技术是一种用磁场、磁场处理水(简称磁化水)、磁化肥作为一种刺激因素对种子或作物从电子、分子到细胞代谢的各个层次都施加影响的调控方法。该技术属于磁生物技术和农业生产新技术范畴。

磁处理技术又称为磁农业技术,经过几十年不断的实验、实践和完善,在农业生产上已处于广泛应用阶段。它包括磁场处理技术、磁灌溉技术、磁化肥技术等。

磁处理技术是近年发展起来的农业物理技术,广泛用于诱变育种、促长增产、杀菌保鲜、种子催芽、消毒等。经过磁处理的种子,发芽期提前,发芽率提高,整齐度、健壮度、抗逆性增加。磁化水对植物生长有较好的作用,在农业生产中可制作磁肥,投资极少,效果明显,为农业生产增加一种取之不尽的肥源。磁化水可减少化肥的使用,培育真正意义上的绿色农产品;磁化水可用于农田灌溉,对盐碱地起着改良作用,对输水管道起着除垢作用,对植物起着消毒灭菌作用,还能够增加植物产量和提高品质。磁处理技术更重要的作用是保持植物体生理活性与代谢功能旺盛,提高叶气孔开度,提高植物光合作用和物质交换速度、碳积累。简要地讲,磁处理技术在植物工厂中利用就是提高植物产量和品质。

五、磁处理技术在植物工厂中的应用范围

(一) 磁场或磁化水种子处理

植物工厂生产高品质蔬菜,对生产的各个环节严格把关,必须从源头种子抓起,不仅要求种子优良,而且还要对种子进行处理,用磁处理技术是最好的选择:一般采用磁场或磁化水浸泡处理。经过磁处理后的种子,萌发时间缩短,苗体健壮、整齐度好,且抗逆性增强。

(二) 磁管道处理

植物工厂中使用的水必须经过严格处理才能使用,在给水管上装强磁处理器,

可以杀灭水中的各种病菌、消除水中的蓝藻、使水分子便于植物吸收、清除管道中的污垢。

（三）磁化水灌溉植物

在植物工厂中使用磁化水灌溉植物，既可以杜绝植物病害发生、提高植物品质，又能加快植物生长、提高植物产量，还能够杜绝营养液中蓝藻产生。

（四）增施磁化肥

磁化肥是指带有磁性微粒的肥料。它不同于其他能被植物体吸收的肥料，是一种作为刺激因素对种子或作物从电子、分子到细胞代谢的各个层次都施加影响，且与植物体内发射的微弱生物磁产生感应的肥料。这种磁化肥还能提高其他肥料的利用率。无任何毒副作用，具有成本低、使用方便、卫生、安全、高效、生态、持久的特性，有提高植物产量和品质的作用。

在实践中值得注意的是：10 倍于地球磁场的强磁会抑制植物生长。适度的磁通量密度会有利于植物生长，磁处理技术对鲜切花具有明显的保鲜作用，还能够提高营养液的溶氧量。磁处理技术和研究成果已起到其他农业科学所无法替代的作用。

六、磁处理技术在植物工厂中的应用展望

在植物工厂里，植物不仅需要氮、磷、钾等矿物质肥料，还需要 LED 光肥、二氧化碳和氧等气肥、风肥、声肥、电肥、核肥和磁肥。每种肥料都以不同形式、不同程度作用于植物。虽然产生的效果不同，但都对植物产量、品质产生重要影响。其中磁技术应用范围最广，从浸种、催芽、促长植物生长的全过程，到灭菌、灭藻、水磁化等多个领域。

第四节　　光农业技术

随着光子技术的出现，光子计算机、光通信、光全息、光存储等光探测、传输、控制和处理技术的纷纷出现，光农业技术也随之诞生。

　　光农业技术主要是通过光源、光肥、光检、光植保和光遥感等多种形式体现的。光子农业技术依据农作物光照特性、光谱吸收特性和光照时间需求特性。光照特性表现为植物对光的不同成分的反应不同，不同光强、光波、光色和光照时间对植物生长发育有不同效果。植物光谱吸收特性体现在：红光有利于碳水化合物的积累，蓝紫光有利于蛋白质和非碳水化合物的积累。光照时间需求特性主要体现在各种不同植物品类和地域气候上：有些植物在生长过程中，光照时间需要长些，便于碳和糖的积累和色泽改变；而有些植物则需要光照时间短一些，便于开花、现蕾和结实。同一品类植物的不同生长阶段对光照时间需求不同，苗期、生长期和成熟期对光照时间需求是不同的。甚至同一植物的同一生长期或同一生长过程对光照时间需求也不同。例如北方麦午夜扬花不需要光照，可是江南的麦中午扬花需要光而且光照时间还要长一些，其结果是：同样的麦，北方麦食后不上火，而南方麦食后易上火，奥秘尽在其中。从整体上看，我国北方植物需要光照时间长些，南方植物则需要光照时间短些。

　　光对植物生长极为重要，没有光植物就不能生长。植物工厂中植物使用的光源主要有太阳光和人工光，使用时应根据成本、效益、条件等多种因素综合考量进行选择。光肥是一种新型的肥料。目前，光肥品类有强力光肥、稀土光肥和光合生物酶等。光肥能提高植物光合效力至 1.9 倍，能增强植物细胞活力、促进植物新陈代谢、促进植物体内营养平衡和降解植物体内药物残留。光还可以检测农作物种子的新、陈，检测农产品是否受到污染，用于作物育种，促进植物种子萌芽，驱虫灭菌，光的使用几乎涵盖农业生产的全过程。

　　光在农业上的应用非常广，还表现在光信息技术即光遥探测技术，它可用于大面积、远距离农业资源勘探，对土壤水分监测，干旱指数监测，产量预测评估，生态环境农情预报、预测，作物长势诊断，农学参数研究，农业环境大气预报等农业的宏观和微观领域。

第八章 植物工厂技术集成及其原理

植物工厂是农业发展的必然结果,它标志着一个地区或一个国家农业生产力的发展水平,是现代农业的发展趋势和方向。这是因为在传统农业和农业技术的基础上,现代高新科技在植物工厂中将得到更广泛的应用,并形成一整套植物工厂技术的集成体系。

第一节 植物工厂技术集成体系

植物工厂使用了很多技术并形成了集成体系,包括立体栽培技术、雾培技术、营养液配方技术、营养液循环利用技术、静电场技术、紫外线杀菌技术、电功能水技术、磁化水技术、补光技术、二氧化碳增补技术、声频促生技术、栽培柱制作技术、信息传感技术、计算机植物专家技术、生物农业技术、潮汐式育苗技术、物联网技术、水产植物工厂水陆种养一体化技术等。

一、立体栽培技术

立体栽培技术就是通过多层次立体栽培、栽培柱立体栽培、一体双面栽培、多面体立体栽培和高楼式垂直栽培等多种形式,把植物定植在栽培柱或栽培板上,把可耕地向空中发展,使立体栽培面积比平面栽培扩大数十倍,而且操作更加省力、简便。立体栽培技术是未来农业植物栽培的主要技术。

二、雾培技术

雾培技术是最近几年发展和完善起来的,是把营养液通过雾化喷头雾化后喷向植物根系。优点是水粒度更小、更易被植物吸收，更易于对植物进行水、肥、气同补，而且使植物的根能够进行任何无障碍生长，吸收营养达到最大化。雾培技术是最前沿的、应用范围最广的、最能发挥植物潜能的栽培技术。雾培技术甚至被认为是微重力环境下培养植物的最好方式，未来雾培技术将用于太空开发中的生命保障系统。

三、营养液配方技术

营养液配方技术是植物工厂中最基本的，也是最重要的技术。它广泛用于基质培、水培和雾培等一切无土栽培。全世界有上千种配方，但没有一种放之四海而皆准的配方，最好的配方就是最适合植物生长的配方。在调制养分配方时，要考虑每种植物的不同生长期，配方成分都不尽相同，每个地方的水质和气候不同，配方也不同，配比时综合考量，力求最佳。

四、营养液循环利用技术

营养液的使用关系到生态环保、节能减排、成本节约和资源利用。植物工厂雾培技术是水肥资源最节约的技术，其用水量是基质培的 1/10，是土中栽培的 1/30，是水培的 1/50，是滴灌的 1/2，雾培技术的肥使用率由基质培和营养液培的 40%～50% 提高到 95% 以上，这是因为植物工厂中采用了营养液循环利用技术，把多余的水通过回水管又回流到营养池中循环再利用，真正做到零污染、零排放。营养液循环利用技术是真正的节水、节肥、低碳环保技术。

五、静电场技术

高压静电场具有良好的灭菌效果，当工作电场强度为 20 kV/m 以上时，杀菌率可达到 91.3%。高压静电灭菌时应根据灭菌的面积选择不同的静电灭菌方法。如果面积小（500 m² 以下），可用高压静电网灭菌；如果面积在 1000～5000 m²，应选择高压静电球灭菌；如果面积更大，可选用高压静电场灭菌，这种灭菌方式主要针对空气中的菌类，具有成本低、方法简便、效果好、易操作、无毒副作用、环保生态等特点。植物工厂中大都使用高压静电场灭菌。

1. 器材

（1）一个植物工厂仅要一台静电发生器。

（2）塑胶线（便于绝缘，使电线舒展平直，数量根据面积确定）。

（3）静电线：1.5 m² 的单芯铜线。

（4）静电主线（或叫视频线）：2 m² 的单芯铜线，监控线。

（5）地线：通常用的电线。

2. 安装要求

安装时，静电线与植物保持 0.5～1 m 的距离；静电线之间保持 3 m 间隔。

3. 安装过程

（1）安装时要分区进行，把整体划分为几个小区（1000～2000 m²）。

（2）每小区内按长方形布线（塑胶线与静电线同长，同处一条线，但静电线在上方），并把塑胶线与静电线扎在一起。

（3）每小区的静电线一端连接主静电线，另一端不连接，用电胶带包扎绝缘即可，每个分区都是这种接法。

使用时，每个小区逐个进行安装，只要把每个小区的主静电线接入高压静电场发生器（图 8.1），发生器连接一根地线（入地 1 m），最后接通电源开始工作。当第一个小区处理完后，拔出第一小区静电主线，再进行第二小区处理，按序进行。

图 8.1　高压静电场发生器

4. 注意事项

高压静电场灭菌是把 220 V 电通过高压静电场发生器产生高压静电，不仅利于灭菌，还有利于植物的生长，但在启动前，要严格注意以下几点要求：

（1）启动时间以下午 6:00～8:00 为宜。

（2）启动前，植物工厂内所有人或动物都必须离开，操作人员在放置发生器的室内进行操作，每个小区的静电主线也要延伸到电场发生器放置的室内。为避免发生意外，整个植物工厂进入封闭状态。

（3）启动前必须关闭计算机植物专家系统、弥雾系统和一切电源（包括手机），以免造成损失。

（4）当上述清场工作做好之后，即可启动高压静电场发生器正式工作。当全部工作结束后,立即断开高压静电场发生器电源,恢复植物工厂的正常运行。

(5) 每个小区高压静电场灭菌工作时间以 3～10 min 为宜。

(6) 进行高压静电场灭菌的时间间隔以 10～15 d 为宜,冬天 1 个月 1 次即可。

六、紫外线杀菌技术

紫外线杀菌技术是利用适当波长(UVC 200～280 nm)的紫外线在 1 s 内破坏微生物机体细胞中的 DNA(脱氧核糖核酸)或 RNA(核糖核酸)的分子结构,造成生长性细胞死亡,达到杀菌消毒的效果。在植物工厂中紫外线杀菌是通过紫外线杀菌器进行的,紫外线杀菌器内安装 3 支紫外线杀菌灯,当水从紫外线杀菌器流过时,受到紫外线照射而杀灭细菌的。它能够杀灭营养液中的各种细菌、寄生虫、芽孢等病原体。利用紫外线杀菌不需要添加任何辅助杀菌的物质,没有任何副作用,具有成本低、生态环保、效率高、易操作等特点。

七、电功能水技术

电功能水是一种含有微量盐的普通水经电解后生成的强酸或强碱性水溶液,能在短时间内迅速杀灭细菌。

这种技术在发达国家已很成熟,特别是在日本,已大面积推广并形成电功能水法。

电功能水又叫离子水、"神奇水",它不仅作用于细胞壁、细胞外壳,还可以渗透到细菌体内,与菌体内的核酸等高分子发生氧化反应,使细菌体内的核酸断开,细胞壁破裂,细胞液流出,从而达到灭菌效果。这种"神奇水"还能显著地改变细菌的渗透压,使其细胞丧失活性而死亡。

电功能水对枯草菌、绿霉菌、青霉菌、分枝杆菌等 28 种细菌、病毒具有瞬间杀灭的作用。

电功能水灭菌具有快速、安全、无化学物质残留等特点。

八、磁化水技术

磁化水是一种被磁场磁化了的水。磁化水是普通水以一定流速,沿着垂直于磁力线的方向通过一定强度的磁场而形成的。

（一）磁化水的特点

（1）磁化使水的黏度下降，便于植物吸收。

（2）磁化水的溶氧量增大，能使植物的酶的活性和生物膜的通透性明显提高，有利于植物生长。

（3）磁化水的渗透、溶解能力比自然水提高 63％，使植物对水的吸收能力得到增强。

（二）磁化水的作用

早在四百多年前，李时珍的《本草纲目》中就明确记载了磁化水具有治疗多种疾病和强身健体的作用，被誉为"神水""魔水"。

磁化水在农业上的作用表现在以下几个方面：

（1）用磁化水浸种，可以杀灭多种细菌和病毒。

（2）用磁化水育苗，能使种子发芽快，发芽率高。

（3）用在植物栽培上，使育苗具有株高、根长、茎粗的作用，并能刺激植物生长，可提高植物产量，实验结果显示：使用磁化水可使蔬菜产量提高 10％～45％，水稻、小麦、油菜产量提高 11％～18％。

（三）磁化水作用的奥秘

一些学者认为，水分子本身就是一个小磁体，由于异性磁极相吸，普通水中许多分子就会相互吸引，连接成庞大的"分子团"。这种"分子团"会改变水的多种物理、化学性质。当普通水经过磁场作用后，冲破了原先连接的"分子团"，使之变成单个有活力的水分子。

九、补光技术

当光照达不到植物生长要求（即植物光补偿点）时，植物有机物的消耗大于积累，最后导致死亡，即使有微弱光照而达不到最佳点时，植物长势已显得衰弱，出现徒长。在光照不足的情况下，一定要根据植物生长规律和植物进行光合作用的原理进行科学补光。因为补光是植物工厂中环境系统的一个方面，是植物快速生长、增加产量的措施之一，一定要做到科学补光、节能补光。

十、二氧化碳增补技术

二氧化碳增补技术是封闭式或半封闭式植物工厂中必须具备的技术之一,在对二氧化碳增补的过程中,关键要掌握上限值、下限值和最佳值,做到合理增补、科学增补、智能增补,以满足植物生长需求。

十一、声频促生技术

实验证明,草木确实有情,草木爱听音乐,音乐使植物激动,这种激动使植物的生理活性和代谢功能保持旺盛,从而影响植物的物质交换速度,增强酶的活性,使钙素被激活,叶气孔开度提高,呼吸加快,碳积累增加,促进光合作用,碳水化合物增加,从而使植物快速生长,产量增加。

声频促生技术是通过声频促生仪实现的。声频促生仪能发出建立在植物声音特性与植物生长发育之间的关系,以及外界因素对其影响的基础上的音频正弦波。这种音频正弦波是一种能量,它可以被植物匹配吸收,发生谐振,使植物健康地生长发育,促使其光合作用。同时,植物经这种音频正弦波处理后,还可以减少干扰,增强其活性。

实验发现,声频促生仪可增产 $20\% \sim 30\%$,但使用高分贝的噪音会使效果相反。

十二、栽培柱制作技术

栽培柱的制作工艺流程最复杂,从材料计算到制作成功有几十道工序,每道工序都要严格验收,力求做到零瑕疵。

十三、信息传感技术

在植物工厂中,植物和植物所处环境的信息的获取手段是最重要的、最基础的关键技术之一。而传感器是获取这种信息的主要途径和手段,是植物工厂的中枢神经系统。传感器可以测量各种量,任何一个信息系统或控制系统都离不开传感器。

(一) 传感器的定义

传感器是指对被测量对象的某一确定的信息具有感受(或响应)与检出功能,并使之按照一定规律转换成与之对应的可输出信号的元器件或装置的总称。传感器处于研究对象和测控系统的接口位置,一切研究和生产过程中获得的信息都要通过传感器转换成容易传输和处理的电信号。近年来,由于新技术的深入发展,传感器在设施农业中的应用种类越来越多,应用领域越来越广。

(二) 传感器的功能

由于智能计算机在植物工厂中得到广泛应用,为创造植物工厂中适宜植物生长的最佳环境,必须首先要获取诸多的环境因素的数据信息,数据信息采集的任务是由数据采集系统来完成的。而传感器是这个数据信息采集系统中极为重要的组成部分。由于各种环境因素的类型和性质均有所不同,数据信息采集系统需要采用的传感器种类也不同,可分为温度传感器、湿度传感器、光照传感器、二氧化碳传感器、离子传感器、营养液浓度传感器等多种不同功能的传感器,以检测植物工厂内"人造"环境中的各种物理参数,并在计算机中显示出来,为计算机数据处理和决策提供参考。

(三) 传感器的分类

传感器的用途非常广泛。农业、工业、国防、航空航天等各个方面都得到广泛的使用,但就植物工厂所使用的传感器而言,可分为以下几种类型:温度传感器、湿度传感器、二氧化碳传感器、光照传感器、环境温度传感器、根部温度传感器、离子传感器、EC值传感器、pH值传感器等多种类型,担负着整个植物工厂内各种数据信息的采集任务,为智能计算机专家系统提供决策依据。

十四、计算机植物专家技术

计算机植物专家技术是通过专家系统实现的,是植物工厂的"大脑",是植物工厂的关键系统。植物专家系统作为一种手段融入各种技术之中,实现整个系统的自动检测和集中控制。例如营养液控制技术,首先要依据设施栽培技术和经验,利用计算机建立营养控制模型,在设施环境条件下,通过相应设备获取植物工厂中植物生理状况的信息,按照营养控制模型和植物需求向植物提供营养,从而使植物达到最佳生长状态。

目前,国际上已公布的植物专家系统已有近百个,广泛用于植物生产管理、灌溉、施肥、病虫控制、温室环境管理等各个方面,是设施农业、植物工厂中内部设施建设的核心装备。

植物专家系统把农业生产技术与计算机技术结合起来,对需要解决的农业问题进行解答或推理判断,提出专家水平的决策建议,使计算机在农业活动中起到类似于人类农业专家的作用,有效地解决农业生产中遇到的各种问题。

农业上计算机植物专家系统(图8.2)包括农业人员(用户)、农业知识挖掘机制、用户界面、解释机制、推理机制。

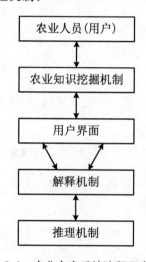

图 8.2 农业专家系统流程示意图

(一) 农业知识库

农业知识库是按照一定的知识表示方式描述的专家知识、经验的集合,包括生产条件、环境条件等基础数据,基本事实、规则和其他有关信息。它是领域专家与计算机之间进行交流的桥梁,是决定专家系统能力的关键。

(二) 推理机制

推理机制是实现问题求解的核心执行机构。它根据用户提出的问题和已知事实,在知识库中搜索并匹配、激活相应的知识;根据知识由已知事实推断、计算出新的事实,或者向用户提问获取推理需要的相关事实,直到问题最终求解或已知条件不成熟无法求解为止。

（三）农业知识挖掘机制

农业知识挖掘机制是利用数据挖掘等方法把用于问题求解的各种专门知识从农业专家的头脑中或问题典型数据样机中转换到知识库中的各种方法和途径。

（四）解释机制

解释机制是回答用户咨询，对用户问题的求解过程或求解状态提供说明的机构。

（五）用户界面

用户界面是专家系统与用户之间进行交流、互通信息的媒介。

（六）农业人员（用户）

农业人员（用户）是专家系统的一个组成部分，包括系统的技术管理（行政管理）人员和普通用户。

十五、生物农业技术

生物农业技术范围很广，但在植物工厂里的植物涉及生物面有限。任何植物都有自身的生长规律，如在安排茬口时，要考虑每种植物的最佳温度，湿度的上限值和下限值；在播种时，要考虑各种种苗的出苗时间。豆类要 $3 \sim 5$ d 即可出苗，而韭菜需 $9 \sim 13$ d。在 $4 \sim 5$ 月期间如果定植小白菜，很快就会抽薹。所以在植物工厂中生物农业技术也是必不可少的。

十六、潮汐式育苗技术

潮汐式育苗技术是指在育苗池中的海绵上播下种子，使营养液像潮汐一样从海绵下流过，间隔一定时间再次流过。这样育苗使苗根系发达、生长快速，是一种先进的育苗技术。

十七、物联网技术

国务院公布的《国务院关于推进物联网有序健康发展的指导意见》中提到,到2015 年,实现物联网在经济社会重要领域的规模示范应用,突破一批核心技术,初步形成物联网产业体系,安全保障能力明显提高。物联网技术是前沿技术,在农业上的应用极其广泛,是 21 世纪智慧农业的主要技术,是植物工厂的技术之一。为了更进一步推动农业物联网技术的发展,我们在以下几个方面进行说明。

(一)农业物联网技术的特点

(1)反应迅速,实时互动。

(2)系统可扩展性强,安全性高。

(3)硬件节点体积小。

(4)部署简便,大面积覆盖快速实现。

(5)网络结构稳定,性能完善。

(二)农业物联网的功能与作用

农业物联网在植物工厂中运用,其功能表现为以下几个方面:

(1)对植物工厂中的生产和设施进行监管,将包括室内环境温、湿度,植物根域环境湿度,营养液温度,二氧化碳浓度,营养液 pH 值,植物生长图像、光照强度,微风促生仪的风速、风向,植物工厂虚拟场景下的动态显示等各种环境因子以直观的图表和曲线等形式显示,为植物工厂的一切工作真实、稳定地提供植物生长各阶段的实时动态的数据。

(2)物联网系统的各种环境因子和专家系统对接,形成植物生长参数最优化的组合栽培管理决策系统。物联网系统还可根据各种环境因子参数和标准值的对比,自动调节植物工厂内的设施设备,以期创造植物生长的最佳环境。

(3)物联网技术通过 RFID 使物品便于识别,对每个物品都进行编码,消费者就可以根据编码知道植物生产全过程的视频,实施远程订购,从而使生产者达到远程销售的目的。另外,质量部门也可以通过物品编码,对物品实施定位、追踪溯源,以达到对产品实行有效监督,保证产品质量的目的。

(三)物联网关键技术体系及其内容

物联网的关键技术体系主要包括感知技术、网络通信技术、应用技术、共性技术和支撑技术。

1. 感知技术

感知技术是由多种无线传感器、网络摄像头、射频识别（数据自动采集、存储、现场监视、环境数据检测）图像获取物品 GPS、SOA 定位，并实现物品相互连接，对物品实行控制和操作的技术，即把物理量、化学量、生物量转化成可供处理的数字信号。

2. 网络通信技术

在物联网中，网络通信技术对应网络层（包括数据接入层—GPRS 基础网和数据存储层—文件系统），数据库系统，包括低速、近距离无线通信（无线接入），低功耗路由（自组织系统），IP 承载（网路传送），认知无线电（异构网络）。

3. 应用技术

应用技术是包括平台服务层——管理服务、数据服务应用表现层（手机、WEB应用、桌面），是对感知层获取的、网络层输送的海量信息实施智能处理的技术，包括数据存储、云计算、数据挖掘、平台服务和信息呈现等多种技术。

4. 共性技术和支撑技术

共性技术包括安全与隐私、网络管理、架构技术、标志与解析等。支撑技术是指嵌入式系统（满足物联网对设备的功能、可靠性、成本、体积、功耗等的综合要求，可按要求定制，是实现物体智能化的基础）、微电机（通过微电机可实现对传感器、执行器、处理器、通信模块、电源系统的高度集成，是支持传感节点微型化、智能化的重要技术）、软件和算法（电源和储能即实现物联网功能）共同决定物联网行为的技术。

物联网技术的流程和技术结构如图 8.3 所示。

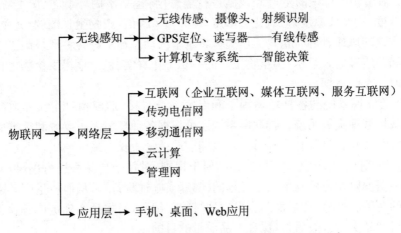

图 8.3　物联网的技术流程和技术结构构图

从图 8.3 中可以看出，物联网是一种前沿技术，是建立在互联网和计算机专家系统基础上并进行延伸和发展的技术，是一种完整的智能技术体系。

总之，物联网实现了数据图像采集、无线传输、智能处理、自动控制、预测预警、辅助决策、在线咨询、远程诊断、在线服务等的集成,即把虚拟世界和现实世界一体化。

十八、水产植物工厂水陆种养一体化技术

鱼菜共生农业生产复合模式,已成为共识。智能水产植物工厂是水产养殖与智能植物工厂立体种植高度互补、协调、融合的一种新模式,是鱼菜共生模式的延伸、发展与升级。

1. 水产植物工厂概念

(1)鱼菜共生是指在水下养鱼、水上种菜,以水为介质,把这两种原本完全不同的水产养殖、植物种植农耕技术,通过循环能量流及生物链构建与生态设计,而形成鱼菜协同共生的一种农业生产复加耕作模式和融合技术体系。

鱼菜共生是一种菜养水、水养鱼、鱼养菜的生态循环模式,通过鱼、菜、微生物协同共生关系,将鱼的排泄物、饲料残渣转化成可被蔬菜吸收的营养盐,能有效降低养殖废水的氨氮物质。经过蔬菜的吸收过滤,废水变成清水并增加了溶氧量,促进了鱼的生长。

在传统的水产养殖中,随着鱼的排泄物积累,水体的氨氮增加,毒性逐步增大,甚至造成鱼类大量死亡。而在鱼菜共生系统中,水产养殖的水被输送到水培、雾培系统,由细菌将水中的氨氮分解成亚硝酸盐,然后被硝化细菌分解成硝酸盐、硝酸氮盐,可以直接被植物吸收利用。从而既可以收获蔬菜,又收获水产,经济效益显著提高。

(2)智能植物工厂是指对植物生产进行资金、技术和知识密集性投入,创造植物生长最佳环境,创新植物生产最佳模式,达到高产、高质、高效且可持续生产系统。其特征是立体、智能、高产、有机。

智能植物工厂发展出植物生产"环境设施化、形式立体化、资源节能化、过程数字化、管理智能化、技术集成化"新模式。

智能植物工厂是现代农业重要标志,是21世纪世界农业发展方向。发展智能植物工厂,已纳入科技部"863"计划、国家"十三五""十四五"发展规划、新一代人工智能发展规划、科技助力经济2020重点专项项目。智能植物工厂运用人工智能技术,使用人工智能装备。

(3)产植物工厂是一种融高效水产养殖和高效植物栽培技术为一体的集成技术生产系统,是水陆种养一体化的高效农耕产业叠加、技术叠加、效益叠加模式。这种模式的特征是产量大、品质好、技术多、效益高、环境美、低能耗。成倍提高了土地产出率、资源利用率和劳动生产率。

2. 水产植物工厂集成技术

(1)水产养殖分类。水产养殖是指在人为条件下,繁衍、养育以及获得水生动

物的生产行为和过程。它包括在人工饲养环境下由种苗培育成水产品的整个过程。水产养殖种类有鱼类、虾类、蟹类、龟鳖类、鳝鳅类、蛭类、藻类等。

（2）水产养殖技术。包括种苗繁殖技术、饲养技术、病虫防治技术、捕捞技术、水检测技术、水体供氧技术、水体净化技术、网络监控技术（水环境监控，区域管理监控，水生动物生长情况监控，产品储藏、运输、加工过程监控）等。

（3）智能植物工厂技术。包括十大技术系统：① 电动力系统；② 补光系统；③ 立体栽培系统；④ 物理农业植保系统；⑤ 营养循环系统；⑥ 温控系统；⑦ 物理促长系统；⑧ 补碳系统；⑨ 计算机植物专家系统；⑩ 物联网系统。

（4）水产植物工厂集成技术。水产养殖技术融合植物工厂植物立体栽培十大技术系统，而形成水产植物工厂集成技术体系。这些技术相互交叉、渗透、衔接、配套、完善。支撑着水产植物工厂产业项目的正常而高效运行。

3. 水产植物工厂的经济叠加效益

（1）水产植物工厂水产经济效益分析。根据传统的鱼菜共生技术实验证明：$1 m^3$ 的水，可产 $10.5 \sim 12.5 kg$ 的鱼，$1 m^2$ 水面可产蔬菜 $3.5 kg$。水产为第一产出，蔬菜为第二产出。在一亩水产植物工厂中，水养殖实际面积为 $300 m^3$，可产水产品为 $6000 \sim 7500 kg$，按每千克 6 元计算，每亩水产植物工厂水产效益可达 $3.6 \sim 4.5$ 万元。

（2）水产植物工厂的种植经济效益分析。在水产植物工厂中，采用方柱式植物工厂栽培装备，一亩地可安装 350 套，每套装备年可产叶菜 $500 kg$。蔬菜亩年产量可达 17.5 万 kg，即使每千克菜按 2 元计算，年创效 35 万元。水产植物工厂经济效益就是水产经济效益加植物工厂种植效益。那么，一亩地面积水产植物工厂年经济叠加效益为 $38.6 \sim 39.5$ 万元之间。水产植物工厂创造出农业奇迹。

4. 发展水产植物工厂的基础与条件

水产养殖、鱼菜共生是智能水产植物工厂发展的技术基础。水产养殖、鱼菜共生和植物工厂技术，是劳动人民在长期生产实践中逐步探索、总结、完善、成熟、提高而形成的技术和模式。为水产植物工厂的诞生提供了技术基础和条件，没有鱼菜共生和植物工厂立体栽培模式，就不会有水产植物工厂高效模式的产生、提高和成熟。

国家政策、政府扶持是发展的前提与条件。任何技术的创新、发展并形成产业化生产，都离不开党和政府的支持政策。多年来，党和政府采取了一系列农业政策，发展生产、保障供给，把解决三农问题作为国家战略的重中之重。为发展水产植物工厂提供了政策保障。

持续的市场需求是发展的不竭动力。人类生存的第一需求就是食品，食品最大的需求就是主粮和蔬菜。在现代人生活中，肉类和植物类蔬菜需求量已超过主粮需求，成为大宗食品需求。在肉类食品中，水产类需求量最大，而水产植物工厂，就是生产人类生存最大需求量的食品。同时生产水产和植物蔬菜、持续的市场需求,这是水产植物工厂发展的不竭动力。

5. 发展水产植物工厂的意义

(1) 资源。资源是人类生存的必要条件。生存资源可以提升人们生活的幸福指数。智能水产植物工厂就是生存主要资源的生产系统之一。

(2) 生态和可持续发展。水产植物工厂不仅是生产资源的系统,而且也是节约资源的系统。通过循环能量流及生物链构建与生态设计,而形成鱼、菜高效协同共生的一种农业生产复加耕作模式和融合技术体系。从而形成种菜养水、水养鱼、鱼养菜的生态循环模式,达到种菜不用肥、养鱼不换水的动物、生物、植物协同共生链。

(3) 食品安全与大健康。水产植物工厂,通过生态循环模式,降低了对空气、水、土地、环境的污染,提高了水产和蔬菜主要食品的品质和安全性,减少了各种疾病的产生,提高了农民收入和全社会的健康水平。

水产植物工厂不仅是高效农业产业,也是大健康安全产业。发展水产植物工厂,对于解决人类社会普遍存在的土地、人口、环境、资源、健康、三农和可持续发展等共性问题,将产生深远而重大的历史和现实意义。

第二节　植物工厂集成技术流程和工作原理

现代农业或者说农业现代化的要求为高产、高效、优质、生态和安全。为了达到这些要求,不能依靠单一学科、单一技术解决问题,必须依靠多学科交叉与配合、多种技术综合与集成。

一、植物工厂的技术集成体系

植物工厂中使用立体化栽培(向空间栽培发展)解决高产量和高效益问题;使用雾培技术解决栽培技术的支撑问题;使用光伏或地源热泵解决生产动力问题;使用多种复合物理农业技术解决病虫害问题;使用资源循环利用技术解决低碳生态和节能环保问题;使用补光和二氧化碳增补技术,解决植物光肥和气肥问题;使用生命科学蛋白质组学、植物遗传学解决育种问题;使用有机肥解决营养和安全问题;使用计算机植物专家系统解决智能管理问题;使用多种技术解决可持续发展问题;发展品牌解决市场和企业竞争问题;提倡、推动创新,解决企业永久动力和持续发展问题。

二、植物工厂集成技术的流程和原理

植物工厂集成技术是指将植物生长规律和各种技术的特点与作用相互衔接、形成统一整体的技术体系。植物工厂集成技术是由植物工厂中植物生长规律决定的。植物工厂实现了高产量、高品质、高效益，这是因为植物工厂中的立体栽培装置在雾培技术的支撑下，为植物提供水、肥、气同补和根系无障碍生长的条件；温度、湿度、营养液浓度、光照度、酸碱度、植物生长进度、二氧化碳浓度、声频、环境因子等通过传感器反馈到计算机植物专家系统，并由计算机植物专家系统做出正确决策，使环境因素可控可调，从而创造了植物生长的最佳环境。

植物工厂集成技术结构如图 8.4 所示。

植物工厂集成了电功能水技术、紫外线技术、臭氧技术、磁化技术和电场网技术等。在植物工厂的整个空间和植物生长的微域环境中，进行驱虫灭菌，从而保证植物的健康生长。补光技术、二氧化碳补气技术、声频技术对植物产生光、气、声的效应，促使植物的呼吸作用、光合作用、代谢作用等活动加快，生长加速。信息传感、计算机植物专家系统和物联网等技术对植物生长全过程进行智能管理，从而使植物工厂中一切静止的、动态的人或物全面地呈现在更多人的面前，使植物工厂上升为精准化、科学化、智能化、远程化、视频化和网络信息化的平台。

植物工厂集成技术
- 立体栽培技术
  - 柱式栽培
  - 塔式栽培
  - 平面多层立体栽培
  - 多面体栽培
- 雾培技术
  - 叶菜类雾培技术
  - 茄果类雾培技术
  - 花卉雾培技术
  - 药材雾培技术
  - 农作物雾培技术
- 生态动力技术
  - 光伏技术
  - 风能发电
  - 地源热泵技术
- 营养液循环利用技术
- 光和二氧化碳增补技术
- 物理农业技术
  - 电功能水
  - 臭氧
  - 磁化水
  - 紫外线
  - 电场网
- 生命科学育种技术
  - 植物遗传学
  - 功能基因组学
  - 蛋白质组学
  - 代谢组学
  - 生物信息学
- 计算机植物专家技术
- 信息传感技术
- 声频促生技术
- 基质栽培技术
- 营养液栽培技术
- 物联网技术
  - 感知技术
  - 网络技术
  - 应用技术
- 立体栽培设施制作技术
- 营养液配方技术
- 各种植物育苗和定植技术

图 8.4 植物工厂集成技术结构图

第九章 植物工厂的效益分析

植物工厂创造的效益主要表现为经济效益、社会效益、生态效益、示范效应和科普效应等多个方面。

第一节 植物工厂的经济效益

经济效益是生产的最终目的,由于有了杂交稻新品种,我国单位面积粮食产量在世界排名中算是比较高的,但是,我国农业与发达国家相比,仍然相对落后,根本原因就是我国的劳动生产率太低。我国是世界上从事农业的劳动者最多的国家,但不是世界农业大国,更不是农业强国。这是因为我国现在是世界上进口玉米最多的国家,2014年9月至2015年9月进口大豆7830万吨以上,是世界上第二大粮食进口国,达到8000万吨。我国的农业劳动生产率世界排名为第91位,大幅度提高农业劳动生产率,是我国农业发展的关键。

植物工厂就是要追求劳动生产率最大化,追求经济效益最大化。植物工厂的经济效益主要依托植物工厂创造的高产量、高品质产品和具有旅游观光等多功能的农业所创造的高效益。

一、高产量

植物工厂采用立体栽培形式,直径1 m的圆形栽培柱所占平面面积为0.78 m²,而2 m高的圆形栽培柱表面积为6.28 m²,是其平面面积的8倍,3 m高的圆形栽培柱表面积为9.42 m²,是其平面面积的12倍。而垂帘型一体双面立体栽培的面积扩大了20多倍,并向空中扩展,产量也相应地增加。

植物工厂产量的提高,不仅是由于面积向空中拓展,提高了空间利用率,还因为植物工厂雾培等集成技术创造植物生长的最佳环境,最大限度地激发植物生长的最大潜能,使植物能够快速生长,生长周期大大缩短,复种指数大大提高。在植物工厂中的叶类蔬菜一年可以生产 10 茬,使植物工厂中的产量呈几何级数提高。每只 2 m 高的栽培柱可定植 540 株蔬菜,每年可生产 10 茬,按最低每株 0.1 kg 计算,每年可生产 540 kg 鲜菜,如果安装栽培柱 2250 只/hm²,每年可产蔬菜可达到 1215 t/hm²,是传统农业效益的几十倍,大大提高了土地产出率、资源利用率和劳动生产率。

据统计,我国目前已有蔬菜设施面积约 253.33 hm²,如果采用植物工厂生产,只需要土地 12.67 万 hm² 以下就可以达到全国所有设施农业的 253.33 万 hm² 产量,节约 95% 以上土地,若用非耕地生产,将节约更多的可耕土地。如果把节约的土地、水、药等资源、设施、人力等成本和植物工厂创造的其他经济效益加在一起,那么,植物工厂所创造的经济效益就是巨大的。

二、高品质

这些年来,由于大规模地工业化、城市化建设,导致农村土地大量流向城市,出现大量农民到城里打工,不愿种田的现象,留守的老人、妇女为了生活,为了多生产粮食增加收入,依靠化肥、农药和除草剂来增加产量。这样做既污染了农产品,也污染了环境。那么,如何保证农产品的安全和品质? 工业化、城市化带来的风险转嫁到农村,农民无力承担这些风险,又转嫁到大自然,大自然对人类的报复将是无情的,农产品安全成为最大的民生问题。

由于植物工厂采用了紫外线、臭氧、电功能水、磁化水、空间高压静电等多种物理农业技术驱虫灭菌,实现免农药生产,使植物工厂中的植物品质达到了绿色甚至是有机标准。在食品安全事件频发的今天,人们急切盼望生产这些高品质的、安全与健康的食品,从而导致安全、健康的食品在市场上供应不求,价格是普通无公害食品的 2～5 倍甚至更多,给植物工厂的生产带来极好的经济效益。因此,高品质的农产品生产是农业发展的必然趋势。

三、旅游观光功能

近年来,伴随着全球农业的发展,人们发展现代化农业不仅具有物质生产的功能,还具有改善生态环境质量,为人们提供观光旅游、休闲养生、度假娱乐之处,满足人们精神生活需求的功能。

由于人们收入增加,生活节奏加快,竞争日益激烈,工作压力加大,人们渴望到另一种新的典型的自然环境中去放松、减压、寻找欢乐、体验另一种生活。于是,一种农业与旅游相结合的新型产业——观光农业也就应运而生。

观光农业是一种以自然资源为基础,农业和农村为载体,农业与旅游观光相结合的生产经营业态。通过观光,人们可以更多地了解农村的文化,体验大自然生活,了解现代农业设施和新技术,体验现代休闲农耕。这样既缓解城市生活的压力,放松自己的心情,品尝农村小吃,又观赏大自然美景,呼吸大自然的新鲜空气,这一切令人陶醉、流连忘返。

植物工厂是农业发展的最高阶段,是农业观光的最大亮点,也是观光者的首选之处。它使观光者得到巨大收获的同时,也给植物工厂带来更多的经济效益。

植物工厂是工业、农业、科技和服务业的综合体,是第一、二、三产业的中间产业,是带动多种产业发展的"火车头"。植物工厂创造的不仅是农产品生产的效益,还包括各产业链产生的经济效益,其创造的综合经济效益不可估量。

第二节　植物工厂的社会效益

植物工厂在创造出巨大的经济效益的同时,也产生了一定的社会效益。

植物工厂是设施农业发展的最高阶段,关键是一大批高新技术能够在植物工厂中得到应用,并且形成庞大的技术集成体系,使人们看到未来农业的希望,真正懂得"科学技术是第一生产力",激发人们学科学、用科学、科学创新的热情,对农业科技的发展起到推动作用。

当前,我国农业虽然取得巨大进步,但我国农业高耗能、高污染、低效益的弱势地位并没有改变,农业投入量多、周期长、风险大、强度高、收入低,大批从事农业的劳动者从农村走向城市打工,出现"80后不愿种田,90后不会种田,老人不能种田"的现象。而植物工厂的出现,激发出植物的潜能,颠覆了几千年的传统农业,产量呈几十倍的提高,效益成数十倍的扩大,"面朝黄土背朝天"已成为历史。植物工厂让人们看到农业的希望,种田也能致富。工、农业的差距将会逐渐减小,吸引更多的人从事现代农业。

植物工厂能够周年不间断地生产,而且效益产量成数十倍地增长,有利于有计划地安排生产和保障供应,对稳定市场物价、保障市场供应和社会稳定起着重要作用。

植物工厂的出现,让人们看到在戈壁沙漠、荒岛、水面、室内、极地都能进行食物生产,不受环境、气候、季节的影响,这对于土地不断减少、人口不断增多的人类社会来说,具有深远的意义。

第三节　植物工厂的生态效益

近些年,农业生产采用农药杀虫、灭菌,使 99％农药累积在土壤中、残留在食物中、流淌到水里、散发在空气中;采用化肥促长,使化肥污染了水环境、破坏了土壤结构,使之出现矿化,逐渐失去续耕能力;采用除草剂除草,造成了重金属残留,出现了大量食品安全问题,影响了人们的健康,污染了土地、水源和空气。如何才能保证人们吃到安全、健康的食品? 如何保持天蓝、水清、气纯和可持续发展? 植物工厂的出现,使这些问题的解决成为可能。

植物工厂采用矿物质肥料和沼液等有机肥,并且循环利用,实现零污染、零排放,既生态环保又可保持可持续生产。植物工厂采用多种复合物理农业技术杀虫、灭菌,做到免农药生产。这些措施的采用有力地保证植物工厂生产出安全、健康、绿色或有机食品,走出一条绿色生产、生态和可持续发展的新路,符合人们对食品安全健康,对环境生态可持续的要求,符合国家对现代化农业"高产、高效、高质、安全、健康、生态"的要求。

第四节　植物工厂的示范效应和科普效应

一个成功的科技创新,会产生极大的科普示范效应,具有强大的生命力。山东寿光在我国建起第一座蔬菜设施温室以后,人们通过不断的参观、学习,看到了设施农业与传统农业具有不可比拟的优点,随后山东又建起全国最大的设施农业蔬菜基地,占地面积达 6 万公顷以上。这不仅解决了数万人的就业问题,也帮助他们脱贫致富。到目前为止,全国已建起 253.33 万公顷的设施农业基地,这是寿光第一个设施蔬菜温室产生的科普示范效应。

联合国粮食及农业组织指出,植物工厂是 21 世纪世界农业发展的方向。植物工厂与传统的设施农业相比,具有不可比拟的优势,其中科学技术起着重要的支撑作用,主要表现在以下几个方面:

(1) 立体栽培技术使植物栽培由平面转为立体,平面是有限的,空间是无限的。栽培面积大幅度提高,提高了资源的利用率、产出率,产量和效益提高了数十倍乃至上百倍。

（2）水循环利用技术使水资源利用率达到最高,植物工厂的用水量是传统露天栽培的 1/30,是滴灌的 1/2,是水培的 1/20,在水利用率达到 100％的同时,肥料的利用率达到 80％～95％,比传统设施肥料利用率增大了几倍。

（3）物理农业植保技术使植物工厂减少植物病、虫、菌、草害达 95％以上,真正实现免农药生产,产品品质达到最优,做到零污染、零排放和可持续生产。

（4）无土栽培技术克服在有土栽培的设施大棚内,由于温湿度过高,导致病原微生物繁殖过快,农药使用增加而形成普遍存在的恶性循环现象;杜绝水土流失对生态环境造成的污染和破坏。

（5）植物工厂集成技术使植物工厂适宜于木本植物、草本植物、陆生植物、水生植物、气生植物、组培植物、克隆植物等的生产,植物品种包括蔬菜、瓜果、苗木、花卉、香草、药材和粮食等农作物,不存在植物对土壤不适应和重茬的问题,而且可周年不间断生产,不受季节、环境、气候的任何影响。

（6）植物工厂真正解决植物生长过程中的共性问题、关键问题与根本问题,即实现水、肥、气同补,能够最大限度地发挥植物的潜能。

（7）植物工厂实现多种技术集成,使农业生产实现规模化、产业化、可控化、精准化、网络化、集成化、多功能化融为一体,把人类社会生存、生产、生活、生态和可持续发展融为一体,把物质文明和精神文明建设融为一体。

（8）植物工厂创造了现代农业生产"环境设施化、形式立体化、流程数字化、管理智能化、资源节能化、技术集成化"的崭新模式。

植物工厂集成技术的示范作用,主要是通过现代农业生产基地、家庭农场、绿岛、现代农业创意园、观光园、现代都市农业等多种形式体现出来的。人们通过对植物工厂的参观学习、观光旅游和参与由政府主导推动的植物工厂技术培训,植物工厂的科普示范效应得到快速提升,意义重大、影响深远。

第十章　我国植物工厂集成技术应用与范例

第一节　设施农业是我国植物工厂发展的基础

我国是一个文明而古老的农业大国,农业是中华民族生存和发展的最基本、最根本的产业,农业的重要性已深深根植于世世代代国人的心中。历经数千年的传承,农业生产经验和技术已有丰厚的积淀和不断的提高,农业生产工具不断改进,农业生产方式不断变革,农业生产环境不断改变,农业产量和效率不断提高,从而不断地推动着社会向前发展。

20 世纪 70 年代初期,由于塑料工业的发展,山东省寿光市出现了以塑料膜大棚为主的农业生产设施。设施农业的出现是农业生产的一大进步,露天栽培变为设施栽培,在设施大棚内进行农业生产,不受季节和气候的影响,可以周年不断地进行生产,提高了土地单位面积的产出率和利用率,减少了植物病、虫、草害,降低了水、肥、药等农业资源的使用量,提高农产品的品质,改善了人们的劳动条件和环境,降低了人们的劳动强度。

经过几十年的发展,新材料不断出现,农业设施有了大的改进和提高,材料上出现了钢架大棚、太阳板大棚、玻璃大棚,规模上出现了连栋大棚;栽培技术也有了极大的提高,从原来的有土栽培变为无土栽培,开始时是无土基质栽培,后来又出现无土水培和雾培;栽培形式也发生了大的变化,从平面栽培发展为立体栽培;农业生产管理方式也发生了根本变化,从人工管理变为现在的计算机植物专家系统和物联网智能管理。设施农业发展越来越快,面积越来越大,1985 年我国设施农业面积仅有 20 hm²,1995 年增加到 5226.67 hm²,10 年间增长至 260 倍。目前,山东省寿光市设施农业面积已达 6 万 hm² 以上,安徽省和县设施农业面积已达 3.07 万 hm²,设施农业已遍及全国各地。据有关方面统计:2013 年,我国设施农业面积已达 253.33 万 hm²,居世界之首。

设施农业是集生物工程、农业工程、环境工程为一体的跨部门、多学科的综合系统工程,是一项现代农业技术,是使植物达到早熟、高产、优质、高效的集约化生产方式。设施农业的发展,离不开党和国家的政策扶持。2001年设施园艺可控环境生产技术被首次列入"863"计划;"九五"期间,国家科技部实施的"高效化农业示范工程"项目被列入国家重大产业工程项目,分别由北京、上海、浙江、辽宁、广东五省市组织实施;"十五"期间,"工厂化农业关键技术研究与示范"项目又被科技部列为国家重点科技攻关项目。由于政府的支持,具有我国自主知识产权的设施温室成本比国外降低了40%,节能30%~45%,为我国工厂化农业生产的快速发展打下了基础。目前我国设施农业已经形成了多种类型:辽宁的日光温室,华北的双层充气连幢温室,东北的节能温室等。其中,东北的节能温室最具特色,经历了装备和结构由简单到复杂、功能由单一到综合、管理由粗放到集约的发展历程。

人们把有土平面设施栽培的人工管理称为设施农业的初级阶段,把无土立体栽培且智能管理称为设施农业的高级阶段。初级阶段与高级阶段的区别为:后者比前者的生产产量更大,更省资源,品质更好,效益更高,生产更持续。但两者间又是相互关联的;前者是后者的基础,后者是前者的高级阶段,是前者发展的必然结果。植物工厂则被公认为是目前设施农业的最高阶段。

第二节　我国植物工厂发展概况

我国植物工厂建设经历了两个不同发展阶段,即实验示范阶段和成长发展阶段。我国植物工厂相比于美、日等发达国家,起步较晚,时间相距几十年。但我国植物工厂的建设发展速度是前所未有的,在这个过程中,我国采取"走出去、引进来"的方针,加强技术交流,对植物工厂相关技术通过吸收、消化、再创新,逐步掌握了植物工厂的关键技术,形成了我国植物工厂的技术集成体系,并创新开发出很多新技术、新材料和新装备,获得了多项专利,制定了多项企业标准。

一、实验示范阶段(2010年前期)

1980年浙江省农业科学院在引进吸收的基础上,开发出FCH浮板毛管水培技术。此后,沈阳农业大学、中国农业大学、南京农业大学、华南农业大学等也先后研制出简易NFT和岩棉栽培技术。

"九五"期间国家科委(现科技部)立项"国家重大科技产业化工程——工厂化高效农业示范工程",在北京市、上海市、广东省、浙江省、辽宁省同时展开。1999年我国北京市和深圳市分别从加拿大引进两套植物工厂水耕栽培技术系统。进入

21 世纪以来,中国农业科学院、中国农业大学、华南农业大学、南京农业大学等科教单位也先后在水耕栽培方面进行了一些研究与开发,并取得了阶段性成果。

在实验示范阶段期间,浙江丽水市农林科学研究院与国防科技大学合作,于 2004 年成功地建起我国第一座植物工厂(4000 m²,见图 10.1),标志着我国具有自主知识产权的植物工厂正式诞生,中国智能农业从这里开始。

图 10.1　丽水市农林科学研究院植物工厂

2000 年 7 月,长春农展馆出现了小型展示用的植物工厂;2000 年 11 月,中国农业科学院建起了实验型的植物工厂。2009 年北京市通州区建起了第二家植物工厂,同年 10 月,密云县太师庄接着建起了蔬菜植物工厂(图 10.2)。

图 10.2　密云县太师庄植物工厂的上海青

2009 年中国农业科学院杨其长教授等人成功研制出智能植物工厂,实现智能植物工厂关键技术的突破,使我国迈入设施农业高技术拥有国的行列,成为世界上少数几个掌握植物工厂核心技术的国家之一,而且我国球形智能温室创新技术和植物雾培技术已走在世界前列。这将对我国植物工厂竞争力的提升和我国现代农业的发展产生深远的影响。

随后,中国农业科学院和中国科学技术大学、中国农业大学先后建起研究型、实验型植物工厂。上海世界博览会、长春农业博览会相继展出植物工厂,山东寿光,北京通州、密云、盛阳谷也先后建立植物工厂,从而使我国的植物工厂由实验型进入示范型阶段。这个阶段植物工厂具有以下特点:① 规模较小,大都仅有几十或几百平方米;② 植物工厂的栽培技术以基质栽培和营养液水培为主,栽培形式以平面栽培和平面多层栽培为主;③ 使用范围局限实验室研究及博览会展览。总之,此阶段植物工厂尚处于刚刚起步阶段和示范阶段。

二、成长和发展阶段(2011 年至今)

在这个阶段,我国植物工厂发展有了良好的技术基础、经济基础和社会基础。中国知识产权网已把植物工厂列入未来十大技术之一[27],百度搜索数据显示:我国植物工厂关注度达 22.8 万条信息。随着政府出台各种扶持政策,改革开放深入进行,我国植物工厂产业已进入了快速成长和发展时期。在此期间,山东高青植物工厂、绿龙植物工厂,上海叶儿美农业科技有限公司,上海赋民农业科技有限公司植物工厂,天津子牙生态园植物工厂,安徽宣城植物工厂等纷纷建成并投产。其中江苏发展得最快,在 2011~2012 年期间内,先后建起了南京汤山植物工厂、南京六合鸟巢式植物工厂、江阴植物工厂、江宁台湾农民创业园的智能植物工厂、无锡三阳植物工厂、太仓植物工厂、常州豪绿林果园艺有限公司植物工厂、扬州植物工厂等多家生产型植物工厂。另外,安徽宣城植物工厂、安徽和县台湾农民创业园蔬菜植物工厂、浙江大学长兴泗安植物工厂、浙江萧山现代农业创新园植物工厂、河北任丘丰丽园农业科技示范园植物工厂、郑州植物工厂、福建海峡现代农业研究院大型植物工厂、平潭植物工厂、厦门太阳能植物工厂、台湾庭茂植物工厂、雅闻香草植物工厂、广东顺德植物工厂、东苑植物工厂、广西光纤植物工厂都已处于在建和待建中。植物工厂正在神州大地遍地开花,普遍发展。

三、我国植物工厂的特点

(1)雾培技术比基质栽培和营养液栽培更科学、更先进,真正实现了水、肥、气同补。

（2）膜离技术、物联网技术、物理农业技术、计算机专家系统技术为主的集成技术更多地在植物工厂中得到应用。

（3）陆生植物、水生植物、气生植物，如蔬菜、瓜果、苗木、花卉、药材、粮食等植物在植物工厂中生产，植物品种更多，范围更广，标志着植物工厂已全面进入规模化、产业化、信息化、网络化发展阶段。

（4）前几年我们还在引进美国、日本、荷兰等国的植物工厂技术，而今我们已开始向国外输出植物工厂技术。2012 年新加坡利用我国鸟巢式植物工厂设施技术，建起 1000 m^2 的鸟巢植物工厂。韩国、俄罗斯等 20 多个国家也从我国引进雾培技术和鸟巢式植物工厂技术，这一切标志着我国植物工厂技术现已相当成熟并已达到国际先进水平，国际交流日趋频繁。

（5）在植物工厂创新建设过程中，我国研发了多种植物工厂的设施、新器材、新材料，申请了近百项植物工厂方面的技术专利，发表了数百篇植物工厂技术论文，制定了多项企业和地方植物工厂技术标准，撰写了多部植物工厂科技专著，培养了一批植物工厂设计、建设和管理的高科技创新、创业人才队伍。

（6）北京植物工厂工程技术研究中心、安徽文鼎智能植物工厂研究中心、福建海峡现代农业研究院等我国一批植物工厂研究机构的诞生，标志着我国植物工厂产业呈现理论研究、技术研发、成果转化、产业生产、市场开拓呈一体化趋势，这将大大加速我国植物工厂创新发展进程。

（7）国内外植物工厂方面的交流日益广泛而密切，浙江丽水市农林科学研究院已接待数百次植物工厂参观团队，浙江大学已成功举办过几次植物工厂研讨会，中国台湾植物工厂协会活动频繁且高效，中国农业科学院农业环境与可持续发展研究所于 2013 年 10 月 14～16 日成功地举办了植物工厂发展战略及其学术研讨会和植物工厂 LED 光照研讨会。表 10.1 列出我国植物工厂的发展状况。

表 10.1 我国植物工厂发展状况

名称	面积(m^2)	栽培形式	技术/类型	技术特点	知识产权	规模特点	建设年份
中国农业科学院	100	平面多层	水培	水、肥同补	自主创新	实验	2000
山东寿光	48	平面多层	基质培水培	水、肥同补	自主创新	小型	2010
北京通州	1289	平面多层	水培	水、肥同补	自主创新	大型	2010
长春农业博览会	200	平面	水培	水、肥同补	自主创新	小型	2000
江苏无锡	6000	平面多层	水培	水、肥同补	日本三菱技术	大型	2011

续表

名称	面积(m²)	栽培形式	技术/类型	技术特点	知识产权	规模特点	建设年份
浙江丽水市农林科学研究院	2000	塔式、柱式	气雾培	水、肥、气同补	自主创新	大型	2004
江苏汤山翠谷	300	平面多层	水培	水、肥同补	日本千叶技术	中型	2011
中国科学技术大学	40	平面多层	水培、基质培	水、肥同补	自主创新	实验室	2008
江宁台湾农民创业园	12000	柱式	雾培	水、肥、气同补	自主创新	超大型	2011
福建平潭	1680	平面多层	水耕	水、肥同补	日本技术	大型	2012
山东高清	616	平面多层	水培	水、肥同补	日本技术	中型	2012
陕西杨凌	35	平面多层	水培	水、肥同补	自主创新	小型	2010

2013年4月,我国科技部首次把智能植物工厂发展正式列入国家"十二五"的"863计划"。"智能化植物工厂生产技术研究"项目启动会在中国农业科学院农业环境与可持续发展研究所举行。这体现了国家对植物工厂高技术研究的重视,该项目共设立7个课题,涉及植物工厂的LED节能光源、立体无土栽培、光温耦合节能环境控制、营养液调控、基于网络的智能管理以及人工光植物工厂、自然光植物工厂集成示范等方面,全国共有20多个优势科教单位和160多位企业专家参与,项目的总经费达4611万元。这将极大地推动我国植物工厂快速发展。

第三节　我国植物工厂集成技术应用与拓展

植物工厂集成技术被广泛应用于现代农业生产基地、家庭农场、农业观光园和都市农业、绿岛、空中农业、家庭农业等。

一、农业生产基地

这是指具有一定量的土地、资金、技术、人力和市场的企业,进行规模化、产业化农业生产的固定场所。农业生产基地是在全国或地区农产品经济中占有较重地位并能长期稳定地向区内外提供大量农产品的集中生产地区,如粮食、棉花、油料、糖料、花卉、热带作物、蔬菜、林业、牧业、渔业等各种生产基地,它有以下几个方面的要求:

(1) 强调生产的专业化和种植的区域化,使基地尽可能成方连片,形成规模。

(2) 在基地管理上,重点强调生产技术规程的组织实施,推行农资供应、病虫害防治等统一服务。

(3) 在运作模式上,积极探索基地建设与管理的运行机制,推广"企业＋基地＋农户""市场＋基地＋农户"或"合作组织＋基地＋农户"等运作模式,促进基地生产、管理、经营一体化发展,实现良性循环。建立农产品商品生产基地,有利于充分利用当地资源,发挥地区优势,采用先进技术装备,实行专业化、集约化经营,提高农产品产量和商品率。农业生产基地具有追求低成本及植物高产量、高效率、高品质和可持续发展的目标,植物工厂将是农业生产基地的主要途径。

二、家庭农场

家庭农场是以家庭成员为主要劳动力,从事农业规模化、集约化、商品化生产经营,并以农业收入为家庭主要收入来源的新型农业经营主体。在中国,家庭农场的出现促进了农业经济的发展,推动了农业商品化的进程;家庭农场以追求效益最大化为目标,使农业由保障功能向盈利功能转变,克服了自给自足的小农经济的弊端,商品化程度高,为社会提供更多、更丰富的农产品;家庭农场比一般的农户更注重农产品质量安全,更易于政府监管。家庭农场由于人手有限,人力成本较高,更渴望采用植物工厂高新技术生产系统进行生产。

2013 年中央一号文件提出,鼓励和支持承包土地向专业大户、家庭农场、农民合作社流转。其中,"家庭农场"的概念首次出现在中央一号文件中。这将极大地推动我国植物工厂的快速发展。

三、农业观光园

农业观光园是融农作物农事生产、体验、休闲、观光于一体的园区。园区注重人文资源和历史资源的开发,注重农业科普教育,园区的植物类别、形态特征和造型特点等不仅能带给游园者科技知识,而且能展示科学技术就是生产力的实景;既能获得一定的经济效益,又能陶冶人们的性情,丰富人们的业余文化生活,从而达到愉悦身心的目的。

农业观光园是农业高速发展和城乡一体化发展的需要。进入 21 世纪,伴随着人类生产、生活方式的变化及乡村城市化和城乡一体化的深入,农业已从传统的生产形式逐步转向景观、生态、观光、休闲、养生、度假等方向。农业观光园的出现,等于扩大了人类的生存空间,为人类生存和需求创造了更好的、更易适应的环境条件。如我国台湾的观光农业位居世界领先地位。从 20 世纪 70 年代到 20 世纪末,我国台湾借助农业发展实现农业生产企业化、农民生活现代化和农村生态自然化,形成了生产、生活与生态相结合且平衡发展的"三生观光农业",从而解决了农业萎缩、农产品过剩、外国产品的倾销等一系列问题,农业生产水平迅速提高而且位居世界前列。

农业观光园是农业结构调整和社会经济生活发展的需要。农业结构调整、农业集约化生产和社会经济生活发展对农业的可持续发展起到了积极的推进作用。传统农业一家一户的分散、高耗、低效且不合理的种植结构和生产形式已渐渐不适合现代农业的要求,农民迫切希望有一种快速、低耗、高效的现代农业生产形式出现,农民也需要在资金、信息、科技方面得到支持与引导。农业观光园的出现,不仅为农业结构调整提供了示范,而且也吸引了城市居民到此旅游。城市居民到农村乡间旅游观光,会带去大量的科技思想、市场信息和文明生活方式,既可促进农民素质提高,又可加快农村城市化进程。农业观光园内的高效农业也能吸引城镇居民到此投资,从而加快农业产业化进程。此外,这些还能促进农业中的一部分由第一产业向第三产业转化,培育新的经济增长点,提高经济效益和社会效益。

农业观光园是旅游业朝向生态旅游发展的产物,是旅游业发展创新的一种新形式。它开辟了新的旅游景点,满足了人们对旅游的新追求。长期居住在现代化高密度、高层建筑区,整天被污染的城市空气和呆板且无情趣的城市景观所困扰的现代市民,为了缓解紧张工作带来的精神压力和抑郁,提高身体素质和生活质量,多选择外出旅游放松一下自己。但各大主要景点一则是距城市较远,多为高地,不方便带老人或孩子;二则是人员爆满,影响清静放松的情趣;三则是门票也相对较高,使人望而却步。因此,他们(尤其是老人和孩子)多转向选择能亲近和感受的田园风景区。因此,农业观光园就形成了一个新的旅游热点,如北京市 1998 年各类农业观光园年接待游人 378.72 万人次,河南省濮阳市 2000 年各类农业观光园接待游人 20 万人次。

农业观光园也是 21 世纪生态园林绿化发展的方向,是一种新的园林形式。现代园林的发展方向是将园林和生态有机结合起来,即向生态园林方向发展。园林已开始从城市向城郊和乡村蔓延,与农业紧密相结合,逐渐形成园林化的农业、农业化的园林。人们生活在园林化的环境中,耕作在农业化的园林中。这对改善生存和生态环境,保护我们赖以生存的地球具有重大的现实意义和深远的历史意义。

人们对农业观光园发展前景的认识进一步提高,已经认识到农业观光园是观光农业的一个重要组成部分,必须以可持续发展的观点来规划、建设和使用。开发和经营中的短期意识、资源掠夺式开发、缺乏技术人员和农民缺乏技术培训等问题正在逐步扭转。农业观光园的发展方向是产业化、科技化、国际化。农业观光园既是城市居民的乐园,又是农民的公园和增加收入的市场。因此,农业观光园是一个多产业一体化的新型产业,是21世纪新型的生态农业形式,具有广阔的发展前途。

专家认为,21世纪农业是重要的娱乐产业(观光农业)。农业观光园作为观光农业的主体必将得到更进一步的发展。因此,农业观光园的设计指导思想应该是以人为本,充分体现有机农业产业的回归及人与自然的和谐,符合自然生态景观生成规律。设计原则是因地制宜,以植物造景突出观光农业的特点;造型简洁大方、新颖,富于诗情画意;总体布局要体现小中见大、景中有景,使之具有有现代农业特色的园林意境。

农业观光园的规划设计要体现农业高科技的应用前景。在这里高新技术物化后将能充分显示出科学技术是生产力,这也是每一个农业观光园的特色和闪光点,是吸引游人的主要景点内容。因此,设计时应把现代农业高新技术作为重要景点,尽可能地使之具有可操作性、观赏性及艺术性。

农业观光园的规划设计应纳入城市(镇)的总体规划。要紧扣城乡融合的关系,力争做到田园中有城市、城市中有田园,同时按高起点、高标准、高层次、高科技、高品位的目标对现有园区进一步改造、扩建,或建设新的农业观光园。

农业观光园的规划设计应坚持多产业一体化方向。农业生产过程、农家生活和乡土文化是农业观光园的主体内容,因此要充分挖掘文化内涵与积淀,突出资源优势和特色,丰富内容。园林规划设计和观赏植物造景如建筑、配置和布局等是农业观光园的调味品,能唤醒和提高人们的审美意识和水平,旅游设施、项目和优质的服务是农业观光园的热点(卖点),规划中将三者有机地结合起来,才能达到对游人的科普教育、科技引导、生态保护意识唤醒的目的,才能把农业观光园建设成为探索真理、崇尚科学、宣传精神文明的重要场所。

四、都市农业

都市农业是以生态绿色农业、观光休闲农业、市场创汇农业、高科技现代农业为标志,以农业高科技武装的园艺化、设施化、工厂化生产为主要手段,以大都市市场需求为导向,融生产性、生活性和生态性于一体,高质、高效和可持续发展相结合的现代农业。都市农业是在都市内部及周围地区,紧密依托城市并服务城市的农业,如图10.3所示。

"都市农业"的概念是20世纪五六十年代由美国的一些经济学家首先提出来的,是指处于大城市边缘及间隙地带,依托城市的科技、人才、资金、市场进行集约化农业生产,为城市居民提供农副产品及休闲娱乐、教育和创新功能的现代农业。

图 10.3　都市农业景观图

（一）功能

生产功能，也称经济功能。通过发展都市地区生态农业、高科技农业和可持续发展农业，为都市居民提供新鲜、卫生、安全的农产品，以满足城市居民食物消费需要。

生态功能，也称保护功能。农业作为绿色植物产业，是城市生态系统的组成部分，它对保育自然生态、涵养水源、调节微气候、改善人们生存环境起到重要作用。

生活功能，也称社会功能。农业作为城市文化与社会生活的组成部分，通过农业活动提供市民与农民之间的社会交往，满足市民精神文化生活的需要，如观光休闲农业、农耕文化、民俗文化旅游。

示范与教育功能。都市郊区农业具有"窗口农业"的作用，由于现代化程度高，对其他地区起到示范作用。城郊高科技农业园和农业教育园可对城市居民进行农业知识教育。

总之，都市农业的功能主要是：充当城市的藩篱和绿化隔离带，防止市区无限制地扩张和摊大饼式地连成一片；作为"都市之肺"，防治城市环境污染，营造绿色景观，保持清新、宁静的生活环境；为城市提供新鲜、卫生、无污染的农产品，满足城市居民的消费需要，并增加农业劳动者的就业机会及收入；为市民与农村交流、接触农业提供场所和机会；保持和继承农业和农村的文化与传统，特别是发挥教育功能。

（二）意义

都市农业是把城区与郊区、农业和旅游，第一、第二和第三产业结合在一起的新型交叉产业，它主要利用农业资源、农业景观吸引游客前来观光、品尝、体验、娱乐、购物等，是一种文化性强、大自然情趣很浓的新的农业生产方式，体现了"城郊合一""农游合一"的基本特点和发展方向。发展都市农业具有如下意义：

(1) 充分利用农业资源,促进农业结构优化调整,提高农业生产效益。

(2) 为农副产品开辟销售渠道,提高当地农业产品的知名度。

(3) 可以带动相关产业发展,促进剩余劳动力转移,扩大劳动就业。

(4) 可以为疏散城市拥挤人口、减轻城市人口压力创造条件。

(5) 扩大城乡文化、信息交流,促进农村开放。

(6) 绿化、美化环境,提高城市生活和生存环境质量。

(三) 特点

直接接受大都市的辐射,充分利用大都市完善的城市基础设施条件来发展现代农业,如四通八达的交通和通信网络以及水、电、煤气等公共设施,这些都是农业现代化的重要条件。

直接吸纳大都市工业对农业的投入。由于城乡之间的渗透和融合,增加了城市工业在现代技术和物质装备等方面对农业投入的驱动力,可以迅速提高农业的集约化程度和现代化水平。

直接利用大都市的市场优势,进入和占领国内外市场,可以利用大都市的信息优势和辐射功能,开拓国内外市场,有利于提高农业的专业化和商品化水平。

直接接受大都市产业结构的布局调整,采取与大都市相适应的农业结构和经济管理方式,加快农村的第二、三产业发展,农业内部经营也普遍引入和采用现代经营管理方式。

直接接受大都市的市场配置资源的基础作用,建立与大都市市场相适应的现代化、集约化、设施化的农业生产体系,机械化、自动化程度高,劳动生产率和土地产出率高。

直接利用大都市的先进科技手段和接受科技人员指导,有利于发展高科技农业和生态高效农业,实施农业的专业化、规模化、基地化生产。

综合发挥农业的生态、社会和经济功能。都市农业不仅具有生产优质农副产品的经济功能,而且具有绿化、美化市容,以及作为城市居民旅游、休闲重要基地的功能,充分利用各种自然景观,建设自然保护区、风景区、各类农业公园和游乐场所,给城市添加美丽的绿色景观。

充分利用城市的优势,实现生产、加工、销售一体化,使农副产品通过加工和流通增值。

五、绿岛

绿岛的概念来自日本。为了节约资源,日本农民让农田"上天入地","镶嵌"于高楼大厦之中,星星点点,无处不在,把资源用到极致。人们把这种农业叫作绿岛农业。在我国,绿岛绿化被称为阳台绿化、垂直绿化、屋顶绿化。国际上的通俗定义是一切脱离了土地的种植技术,它的涵盖面不单单有屋顶种植,还包括露台、天台、阳台、墙体、地下车库顶部、立交桥等一切不与地面、自然、土壤相连接的各类建筑物和构筑物的特殊空间的绿化。它是人们根据建筑屋顶结构特点、荷载和屋顶上的生态环境条件,选择生长习性与之相适应的蔬菜、花卉、香草等植物,通过一定的技艺,在建筑物顶部及一切特殊空间建造绿色景观的一种形式。

被称为"建筑第五立面"的屋顶,一直是都市中尚待开垦的"处女地",处于一种被忽略、被遗忘甚至被荒漠的地位。一方面,城市绿化面积和水面面积被越来越多的高密度建筑物蚕食;另一方面,大量的屋顶却仍然素面朝天,未被有效利用,甚至成了"垃圾仓库",这是目前城市建设及管理上的一个死角。而被众多生态环境专家、城市规划专家、建筑设计专家所推崇的屋顶绿化,则既能兼顾建筑景观,又能改善城市生态环境。现在的屋顶绿化被称为"屋顶花园""屋顶菜园""屋顶香草园""天然空调"。

绿岛不仅是绿地向空中发展,节约土地、开拓城市空间的有效办法,还是建筑艺术与园林艺术的完美结合;在保护城市环境、提高人居环境质量方面,更起着不可忽视的作用。

(1) 改善城市环境面貌、热岛效应,减少雾霾天气,提高空气含氧量,减少碳排量,调节空气,减少噪音以提高市民生活和工作环境质量。

(2) 绿岛可以吸收太阳辐射热,减缓建筑老化进程、保护建筑物顶部,延长建筑物使用寿命(使用寿命延长 2～3 倍)。

(3) 科学研究显示:绿岛绿化可使温度降低,起到保温隔热,进而可减少空调的使用,节约能源。

(4) 绿岛可以截留雨水 43%,减少洪涝灾害,增加空气湿度。

(5) 绿岛可提高国土资源利用率。

(6) 绿岛可种植瓜果蔬菜,形成城市菜园、果园,生产更多的安全食品。

绿岛栽培品种更加多样、栽培形式更加灵活、栽培要求更高,必须使用植物工厂的栽培形式和栽培技术。随着植物工厂集成技术在农业生产基地、家庭农场、农业观光园、都市农业、绿岛农业中的广泛应用,其应用范围越来越广。我国植物工厂集成技术的应用还可以拓展到家庭、机关、学校、工厂、超市、边防哨所等多种场所,植物工厂无处不在,真正实现蔬菜生产和消费零距离。植物工厂集成技术必将推动我国现代农业的快速发展,提高我国居民生活质量。

第四节　我国植物工厂的研究组织、活动和成果

在我国已有越来越多的人认识、认可植物工厂并投入到植物工厂产业中来,建立起多家植物工厂,成立了植物工厂研究机构和植物工厂产业协会等多家组织。

一、研究机构和组织

(一) 浙江丽水市农林科学研究院植物快繁研究中心

丽水市农林科学研究院植物快繁中心建立起我国早期植物工厂的第一支技术团队。在徐伟忠先生带领下,这个团队攻克一道又一道技术难关,先后取得一个又一个科研成果,包括植物快繁、芽苗菜工厂、营养液配方、气雾栽培、荧光花卉、立体栽培、鸟巢温室、信息传感、物理杀菌、智能控制、专家系统等,并建起我国第一家植物工厂,编写了一整套智能植物工厂系列丛书,举办近百次技术培训,培养了数千名植物工厂的技术人才。人们把丽水市农林科学研究院植物快繁中心誉为"农业黄埔学校",认为中国智能农业是从这里开始的,这是对快繁中心的真实评价。丽水市农林科学研究院植物快繁中心对中国植物工厂的产生、发展起了极其重要的作用,做出了巨大贡献。

(二) 中国台湾植物工厂产业发展协会

2011 年 6 月 29 日,中国台湾植物工厂产业发展协会在新竹县正式成立。该协会有中国台湾晶元光电、亿光电子、中国台湾肥料、"国立"屏东科技大学、台湾大学等 20 个以上的产、学、研单位加入,有 87 个代表出席。协会设秘书处、理事会、监事会、技术发展委员会和产业发展委员会。协会成立后积极开展活动,于 2012 年举办了"2012 国际植物工厂产业技术交流及研究会";2013 年 3 月 25 日协会在新竹县东镇中兴路四段 159 号 77 馆举办了植物工厂产业交流论坛;2014 年 4 月 16 日协会在工业技术研究院举办了植物工厂产业技术交流论坛,加强了植物工厂方面的交流,促进了植物工厂相关资源整合。

(三) 北京植物工厂工程技术研究中心

2012年9月1日,北京市首个植物工厂工程技术研究中心落户通州农业示范园区。3年内,植物工厂设施及装备累计推广面积超过2万 m^2 ,实现销售收入1.4亿元。经北京市科委批准,依托北京京鹏环球科技股份有限公司和北京工业大学建设成立的这家研究中心,专注于植物工厂工程技术方面的研究开发、成果转化及产业化推广。所形成的成果将以小汤山国家农业科技园区、顺义国际鲜花港、北京都市型现代农业科技与农机产业创新示范园为核心基地进行技术示范,同时向全国辐射推广,进而提升产业核心竞争力,延伸产业链,实现产业化,为国家现代农业科技城的建设提供强有力的科技支撑。中心成立以来已召开过多次专家会议,积极开展植物工厂研究工作。

(四) 安徽省宣城市赐寿植物工厂有限公司智能装备研发中心

宣城市赐寿植物工厂有限公司智能装备研发中心主要从事香草、饲草、花卉、蔬菜的温室型和露天型植物工厂立体栽培研究。现有植物工厂农业专家2名,专业技术人员20多名,中心首次提出了"环境设施化、形式立体化、资源节能化、过程数字化、管理智能化、技术集成化"植物工厂生产模式。首次提出了"条把思路、套把装备、千把块本、个把平方米、吨把重菜、万把块钱"植物工厂建设目标。公司具有建设从半平方米微型植物工厂到万平方米特大型各种不同规模植物工厂实践经验,具有制作多种形式植物工厂装备的创新力,具有完整配套的植物栽培技术,具有植物工厂技术研发、项目设计、工程建设、技术培训实力,接待过以色列农业部、日本《读卖新闻》、香港理工大学、中国科学技术大学、山东农业大学、安徽农业大学、安徽省农林科学研究院等国内外专家、学者考察、参观和采访,被行业和市场广泛认可。

十多年来,公司已申报并获取国家专利多项、发表学术论文数十篇、成功申报省级地方标准一项、编写著作一部。成功开发出圆柱式、方柱式、两面式等多款植物工厂装备,培训植物工厂技术人员近千名,建设了中国植物工厂网和中国植物工厂智能装备网两家平台网站,致力于植物工厂技术交流、研发和产业发展。

多年来,该公司曾设计、建设过各种类型、大中小型、微型和特大型植物工厂,曾为国内多家植物工厂和模拟太空植物工厂提供设计、建设、咨询和指导。在业界首次提出了露天型植物工厂和生存艺术栽培新概念,创新性提出完整的露天型植物工厂技术体系。在青岛香博园首次建起了第一个大马士革玫瑰苗植物工厂和露天型香草植物工厂。

（五）中国农业科学院农业环境与可持续发展研究所

该所始终是中国植物工厂理论研究、产业发展、对外交流的中坚力量。曾多次参加和举办过植物工厂国际研讨会，举办过多批次国外学员植物工厂培训班，编写了多部植物工厂科技著作。该所首席专家杨其长研究员在澳大利亚布里斯班召开的第 29 届国际园艺大会（IHC 2014）上被推选为国际园艺学会（ISHS）温室工程专业委员会主席。

科技部于 2013 年 4 月首次把智能植物工厂生产技术研究纳入国家"十二五""863"计划。"智能化植物工厂生产技术研究"项目被列入国家"十二五""863 计划"；项目启动会于 2013 年 4 月 11 日在中国农业科学院举行。科技部农村司郭志伟副司长、中国农业科学院刘旭副院长、项目咨询专家委员会汪懋华院士等有关专家以及各课题负责人等参加了会议。项目负责人介绍了项目背景、总体目标、研究内容、课题设置和具体部署，项目的 7 个课题负责人分别汇报了各自课题的具体内容与实施方案，咨询专家分别对各课题的执行方案进行了有针对性的指导。会议期间，郭志伟副司长和有关专家对智能化植物工厂进行了调研，现场考察了中国农业科学院国家农业科技展示园植物工厂基地，详细了解了中国农业科学院在植物工厂 LED 节能光源、立体无土栽培、节能环境控制、营养液自动调配、岛礁植物工厂及智能化综合管理等核心技术研发方面的工作进展情况。

（六）安徽省智能植物工厂研究会

为了整合安徽省智能植物工厂综合资源，促进智能农业植物工厂快速发展，组建了安徽省智能农业研究会。研究会成员包括宣城市赐寿植物工厂有限公司，中国科学技术大学先进技术研究院、生命科学院，安徽省农业科学院，中铁合肥光电研究院，安徽农业大学，合肥工业大学，安徽循环经济研究院，安徽省智能农业研究院，安徽皖江蔬菜产业技术研究院等近百家科研院所和各级农业龙头企业。对安徽智能农业的发展，将起着巨大的推动作用。

二、研究活动和成果

（一）植物工厂研究报告

我国植物工厂的多个研究机构和专家，经过努力写出了非常有价值的植物工厂研究报告。

2012 年 4 月 27 日,中国行业研究报告网报道了国信研究院发布的《2012～2016 年中国植物工厂发展现状分析及投资策略研究报告》;招商网报道了亚博中研研究院于 2014 年 3 月 6 日发布的《2014～2019 年中国植物工厂行业投资分析及未来市场前景预测报告》《植物工厂行业调研分析及可行性研究报告》;研华科技有限公司北京分公司于 2014 年 4 月发布了《智能农业植物工厂技术解决方案》。上海发表了植物工厂行业报告。

(二) 植物工厂发展论坛

由国家智慧植物工厂创新联盟、中国农业科学院都市农业研究所、国家食品安全创新中心和复旦大学六次产业研究院主办,农业照明网承办的 2018 年第二届智能植物工厂国际高峰论坛,于 2018 年 10 月 13～14 日在四川成都举行,来自全国各地 200 多位植物工厂方面的技术专家、投资机构以及企业和产业园区代表参加了本次论坛。

论坛同时得到了包括日本植物工厂协会、中国台湾植物工厂协会、韩国都市型植物工厂研究会、欧司朗(中国)照明有限公司、北京京鹏环球科技股份有限公司、上海垂智农业发展有限公司、成都市统筹城乡和农业委员会以及成都市农林科学院等组织、企业的大力支持。

本次国际高峰论坛旨在邀请国家食品安全、人工智能、智能植物工厂行业相关政要、学者、研究机构、业界领军人物等参加,共同探讨食品安全创新、智能植物工厂行业技术进步和产业链改造升级等问题,展示创新成果,推动相关行业自觉维护食品安全。

(三) 植物工厂研究成果

近几年来,我国植物工厂的研究取得重大进展。中国农业科学院农业环境与可持续发展研究所主办研讨会后,2014 年第 10 期《科技导报》出版了"植物工厂及其发展战略"专刊。中国农业科学院副院长、中国工程院院士刘旭为该专刊撰写"卷首语",国家"863 项目""智能化植物工厂生产技术研究"的首席科学家杨其长研究员为专题撰写了综述文章,总体论述了我国国情下植物工厂的发展现状与战略,专刊刊登了 12 篇相关研究论文,展现了中国学者在该领域内的最新研究成果。

"植物工厂及其发展战略"专刊是继《植物工厂概论》《植物工厂系统与实践》《LED 光源及其设施园艺应用》《植物工厂》《植物工厂植物光质生理及其调控》《设施园艺半导体照明》《设施蔬菜无土栽培及其根区与冠层调控》等著作后,有关植物工厂研究进展的全新总结,必将推进我国植物工厂技术和产业的发展,为保障我国食物安全和农产品的有效供给做出贡献,具有极其重要的科学参考价值[28]。

有关资料数据显示:植物工厂方面相关论文已达万篇,已经申报并已经获得的植物工厂方面的实用新型设备和发明专利近百项,相关植物工厂方面的企业标准、地方标准也有几十部,另外有关植物工厂方面的视频、软件更多。这充分表明我国植物工厂产业发展有了坚实的理论、技术、实践基础。

(四) 植物工厂新器材、新装备

植物工厂将成为我国农业的方向性、趋势性、支柱性产业。受国家农业政策倾斜影响,植物工厂的新技术、新器材、新装备不断涌现。多种规格、多种功能的LED补光灯、精量播种机、音频发生器、温室环境远程监测控别仪、温室计算机专家控制系统、移栽机器人、采摘机器人、超声雾化器等层出不穷。

第五节　我国植物工厂产业的范例

江苏南京江宁台湾农民创业园智能植物工厂(图 10.4、图 10.5)是江宁台湾农民创业园发展有限公司投资建立的。

图 10.4　江宁台湾农庄创业园智能植物工厂侧面图

图 10.5 江宁台湾农民创业园智能植物工厂

该公司已投资近 60 亿元打造江宁台湾农民创业园这个国家 AAA 级生态旅游园区,智能植物工厂(图 10.6)是园区的亮点之一。

图 10.6 以色列农业专家考察建设中的江宁智能植物工厂

江宁台湾农民创业园智能植物工厂坐北朝南,采用半封闭式的塑膜温室,室内外上部装有降温用的内、外遮阳网。设施长 250 m、宽 48.6 m,面积 12000 m²;在工厂的两端规划出宽 3 m、长 48.6 m 的活动板房,分别为门卫室、智能控制室、包装室和仪器检测室;在温室内的四周分别是 2 m 宽的人行道,在温室正中心,按小区分别设有营养液池和 2 个蓄水池,植物工厂内设计面积的 2/3 为叶菜区,1/3 为番茄区。叶菜区全是立体栽培柱,共分 5 个大区,每个大区分为 8 个小区,每个小区有 44 个栽培柱,共计 1760 个栽培柱,柱间距离均为 1 m×1 m,按供水和回水管道东西向排列。池的两边每排应有 11 柱。番茄区共立 252 个栽培柱(每个柱高1 m、直径 1 m,圆周为 3.142 m)。番茄植株下分布着 36 个育苗池供整个植物工厂用苗之需。这样合理地利用了空间,提高了设施的利用率,并使育苗和栽培一体化(图 10.7)。

图 10.7　江宁台湾农民创业园智能植物工厂育苗、栽培一体化

在叶菜区中,每个大区设 2 个营养液池,5 个大区设 1～10 号共 10 个营养液池,供叶菜区使用。

番茄区设有 5 个池,即 11～15 号池。其中 11 号和 15 号为清水池,12～14 号为营养液池,13 号池供育苗池使用,14 号池供番茄植株使用。11 号池是软(熟)水池,专供叶菜区 1～10 号池添加清水之用,15 号池是生水池,专向 11～14 号池供应已经过熟化的水。生水在这里指的是从植物工厂外面进来的水,这种水的温度与室内水温是有区别的,不经过处理是不能立即使用的,否则会对植物适应性产生影响,这种水或带有杂质和菌类进入室内,必须经过过滤和消毒处理。因而在 15 号池的进水管入口处安装强磁处理器,水管的水切割磁力线使水中杂质和水分子团结构发生分裂,一方面便于植物吸收,另一方面杀灭了水中的细菌和病毒。还要在进水管处安装杂质过滤处理(有条件的可进行膜离处理),经过过滤和磁化的水在15 号池中经过一段时间的沉淀,水变干净了、水温也改变了,即变为熟水而向 11号池和 12、13、14 号池供水。

在植物工厂温室内的北面安装有降温的水帘,水帘由水管(供水管和回水管)

连接室外的地下蓄水池,当需要水帘降温时,就可启动水泵向水帘供水,流向水帘的水温低于植物工厂内部的室温,水帘不断流动水,由于温差产生一种吸热效应,起到室内降温效果。这种水流过水帘后,温度增加并且回流到室外蓄水池进行循环再利用。根据植物工厂温室长度,设置3个这样的蓄水水帘降温池,保障室内降温之需。

在植物工厂温室内的南边安装有大功率的排气扇,它具有降温、换气、促长的功能,白天植物进行光合作用的时候,都需要保持室内二氧化碳浓度的最佳值,而室内的二氧化碳夜间沉淀后,空气中二氧化碳拥有量已处于最下限,需要补充,启动换气扇既可降温,又能促使温室内空气流通以增加室内二氧化碳浓度。

在高温季节,如果使用水帘和换气扇还达不到要求的降温效果,还需在植物工厂内的上部(内遮阳网下)安装弥雾系统,高温季节降温时可开启,可达到降温效果。在江宁台湾农民创业园的植物工厂里,由内外遮阳网、水帘、风机、空中弥雾系统共同组成了有效的立体降温系统,确保植物工厂内植物夏季温度处于最佳值。

叶菜区的立体栽培柱、番茄区的栽培柱以及育苗池构成了江宁台湾农民创业园植物工厂的育苗和栽培系统一体化。

这个栽培系统在整个植物工厂系统中起着最基础、最关键的作用。原因如下:① 俗语说得好,"好种出好苗,好苗出好菜。"只有通过栽培系统从育苗、繁苗、定植这个源头抓起,才能保证植物品质。② 栽培柱是植物生长的载体,植物工厂中的植物是依附在栽培柱这个载体上进行生长的。③ 栽培柱是栽培技术的载体,雾培技术是依附栽培柱这个载体而实施的。江宁台湾农民创业园植物工厂里的叶菜区和番茄区全部采用雾培技术,都是依靠栽培柱实现的。④ 植物工厂中的育苗池、立体栽培柱是实现高产优质的重要设施之一。

为了在植物工厂内创造植物生长的最佳环境,江宁台湾农民创业园智能植物工厂内建设了十大系统。

为了在不同季节始终保持植物工厂生产的最佳温度,工厂内建设了地埋式地源热泵设施,安装了温控系统,这样做既降低了成本又开辟了生态能源,确保了植物工厂的正常运行,这些地热资源是通过在植物工厂内安装的中心管道和空调使用的。

为了加快植物生长速度,植物工厂内科学地安装了近千只植物生长灯,在光补偿点时自动开启,对植物进行科学补光;又安装了多台二氧化碳发生器和植物声频促生仪,使植物健康地生长。

针对不同植物品种、不同植物生长期、不同季节的营养需求,植物工厂实行自主科学配方,降低了成本。

为了预防蔬果受病虫危害,植物工厂采取了多种复合驱虫灭菌技术。在水入口处安装了强磁处理器,在营养液池安装了紫外线杀菌器,在厂门入口处安装了臭氧发生器,在植物工厂的内部空间安装了高压静电场发生器,还购买了电功能水发生器对植物工厂内的各条道路、各个办公室等死角杀菌消毒。总之,利用物理技术在植物工厂内进行立体全方位的杀菌消毒,确保植物健康生长。

为了准确地掌握植物工厂的各种环境因子,并采取相应措施,江宁台湾农民创业园植物工厂采用了计算机专家系统和信息传感等技术,对植物工厂进行信息实时监控、数字显示、智能管理。营养液池里安装了营养液浓度 EC 值传感器和酸碱度 pH 值传感器,力争做到科学施肥。并在各大区内分别安装了环境温度传感器、光照传感器、叶片温度传感器、根部温度传感器、二氧化碳浓度传感器、空气温度传感器,在各大区的营养池的供水管上安装数十个电磁阀。智能控制室内安装了计算机专家系统主机和 6 台智能控制器分机(图 10.8)。

图 10.8　江宁台湾农民创业园植物工厂智能控制中心

为了便于实现对植物工厂进行远程监视、控制和管理,让相关管理部门对植物工厂生产进行质量监督管理;让更多的消费者了解植物工厂内的生产过程;让消费者进行远程网络采购(有助于消费者吃得放心、吃得安心、吃得开心);为了防止可能的意外情况发生,对植物工厂的产品追踪溯源,植物工厂安装了智能物联网。

植物工厂多种系统的建设、多种技术的采用,系统和技术按照各自不同的特点和各自不同的功能构成了完美组合,形成了一整套技术集成体系。

当室内温度达不到最佳值时,通过多种温度传感器反馈到计算机专家系统中,系统自动决策,启动增温设施进行增温。当温度达到上限时,计算机专家系统就启动降温系统工作。遮阳网展开、分机启动或水帘工作,或进行空中弥雾,或开启地源热泵空调,直到温度达到最佳值时为止,才有部分或全部降温设施停止工作。当阴雨天或夜晚来临,植物工厂内处于光补偿点时,光照传感器会自动把这一信息传递给植物专家系统,于是植物专家系统会立即启动补光系统开始补光。第二天太阳快出来时,光照传感器报告,光已达最佳值时,专家系统会立即关闭补光系统,植物生长灯就会熄灭。当气温低时,由于温度传感器的作用,专家系统自动使弥雾系统延迟启动,缩短弥雾时间。如果 pH 值传感器显示营养液池中的酸碱度失调,植物专家系统就会启动平衡系统,使 pH 值达到最佳值。综上,计算机植物专家系统是整个系统的大脑、管家,起着决定作用。江宁台湾农民创业园植物工厂景观如图10.9、图 10.10 所示。

图 10.9　江宁台湾农民创业园植物工厂室内景观

图 10.10　江宁台湾农民创业园植物工厂森林式蔬菜柱

　　如果管理员身处异地想知道植物工厂内蔬菜长势情况,就可以利用手机或电脑来实现,这就是植物工厂中的物联网功能的体现。物联网与计算机植物专家系统连接,轻松实现对植物的远程监测、远程管理、远程销售和采购。

　　江宁台湾农民创业园为了规范植物工厂中的生产,特制定了多项企业标准和南京市地方标准(见附录1、附录2、附录3)。

第十一章　植物工厂发展中存在的问题
及其解决办法与思路

第一节　植物工厂发展中存在的问题

从植物工厂产生到发展的整个过程来看,植物工厂的经济效益、社会效益、生态效益、示范效益、科普效益、观光效益特别明显,高产、高效、高质、安全、健康和可持续发展是植物工厂的特点,水、肥、气同补的实现和技术集成是植物工厂的技术核心,"生产"环境设施化、形式立体化、流程自动化、管理智能化、资源节能化、过程透明化是植物工厂的创新模式,这是对传统农业的颠覆。它创造了农业的奇迹,演绎着农业的神话,使我们看到农业的希望,植物工厂是 21 世纪农业的发展方向。

就现阶段而言,植物工厂发展中还存在很多不足的地方,还需改进和完善。

一、建设成本问题

目前,植物工厂建设成本和运行成本都是非常高的。国内无锡植物工厂的面积为 6000 m²,投资为 500 万元,平均造价 833.33 元/m²;汤山植物工厂平均造价为 1166 元/m²;江宁台湾农民创业园植物工厂投资为 800 万元,总面积为 12000 m²,平均造价为 667 元/m²(目前国内的最低造价),而国内的其他植物工厂的平均造价均高于此。

国外植物工厂造价更高,日本植物工厂的造价均在 2 万元/m² 以上;韩国知识经济部披露:利用二极管 LED、人工太阳能技术建造植物工厂,将投资 3 亿韩元(折合人民币 1609.88 万元),建造 495 m² 的示范植物工厂,平均造价为 32522.8 元/m²。

由于植物工厂成本造价太高,导致生产的产品成本过高。日本太阳光型植物工厂生产出的生菜的成本为 50 日元/株;而在完全控制型植物工厂中生产生菜的成本是 100 日元/株以上,一般来讲,日本植物工厂生产 100 g 菜的成本为 100 日元,市场上零售价为 180～200 日元。

植物工厂生产成本高,主要有以下几个原因。

(一) 设施成本高

国外植物工厂建设成本高是因为设施成本太高,如 20 世纪 90 年代美国植物工厂开始使用阳光板材料建温室,阳光板单价为 140～180 元/m²,而玻璃温室造价会更高。传感器是植物工厂用量比较多的器材。当时国外一只传感器的价格为数千元。虽然现在有些设备价格已经降下来,但仍不便宜。

(二) 人工光和热的费用高

在国外,一般植物工厂都是以全封闭(闭锁式)为主,属完全控制型,人工光用发光二极管 LED 和激光 LD 光照,成本极高(LED 补光灯价格为 1500～2000 元/m²),运行成本也很高,而且采用基质培和营养液栽培的冬季升温成本居高不下。

(三) 人工成本费用高

由于植物工厂科技含量非常高,产量也非常大,需要科技人员和普通工作人员协同工作,人工工资也是一笔不小的开支。

成本问题是制约植物工厂普及与推广的关键问题,怎样解决这个瓶颈问题,世界各国都在积极探索,也取得一定的成果。

荷兰植物工厂在加温方面通过多次尝试以降低成本。先使用煤加温,成本高且不环保,接着用油代替煤,后来又用天然气代替油,现在又用地源热能代替天然气,既降低成本,又清洁、环保。

现在许多国家利用沼气、太阳能、风能甚至微生物发电来解决植物工厂的用电问题以降低成本。

日本植物工厂已使用机器人采摘樱桃等瓜果,日本政府在 2011 年大地震后就加大投入,引导植物工厂建设,力争使植物工厂的成本降低 1/3,使蔬菜成本从 100 日元/100 g 降到 60 日元/100 g。

目前,世界正处于新一轮科技革命大爆发前夜,人类社会正由体力时代和物力时代向智力时代转变,技术群体化、智能化、高端化、科学化、产业化趋势不可逆转,各国都在加大投入,积极开发植物工厂新材料、新装备、新技术、新能源,以期解决植物工厂成本过高的问题,达到推广、普及植物工厂技术,发展植物工厂产业的目标,期望取得更新、更大的突破。

二、标准问题

技术专利化、专利标准化、标准国际化,是目前跨国公司的战略性经营方式。谁制定标准,谁就是赢家,谁就是强者,谁就控制产业链,谁就占领技术制高点。抢占技术标准的制定权是国家间竞争的关键。把专利、标准与国际贸易挂钩是国际贸易出现的新动向。可是目前全世界已建有数千家植物工厂,各个植物工厂的差异很大,并且其形式、装备、器材、技术、产品、生产、管理也是千差万别的。既没有统一的国际标准,也没有统一的国家标准,甚至连行业标准和地方标准也凤毛麟角。

为了使植物工厂健康、稳步、快速和可持续发展,规范植物工厂的各种技术指标,必须由政府相关部门牵头,引导、扶持、配合植物工厂行业和企业,尽快制定我国植物工厂的企业标准、地方标准、行业标准甚至是国家标准,并积极参与植物工厂国际标准的制定,务必抢占国际农业发展的制高点。

植物工厂的标准应是一个庞大的标准体系。它包括材料、器材、设施、设备的采购标准体系;植物工厂建设标准体系、设计标准体系、各种栽培技术标准体系(基质培、水培、雾培、潮汐培技术等);植物工厂集成技术标准体系、植物工厂产品标准体系等。我国在很多方面由于没有制定标准,在国际上就缺少话语权,这个教训是极其深刻的。

标准是通行证,没有标准就很难进入国际市场,标准就是竞争的主动权。社会上流传这种说法:"超级企业卖标准,一流企业卖专利,二流企业卖产品,三流企业卖苦力。"国际上发达国家已开创了"技术专利化,专利标准化,标准垄断化"的新型发展之路,这个值得我们借鉴。我国决不能丧失植物工厂这个新兴产业的高地。我们需要把制定植物工厂标准体系上升到国家科技发展的战略高度。

三、政策扶持问题

植物工厂是一个国家或一个地区农业发展水平的标志,是设施农业的终极模式,是 21 世纪农业发展的方向,是智能时代的曙光。所以当植物工厂产生之后,引起社会的广泛关注和各国政府的高度重视,有的国家甚至出台了一系列优惠政策加以扶持。

荷兰政府在 1983~1993 年期间对建设植物工厂的企业和个人实施 50%的资金补助,迎来了植物工厂建设的黄金十年。

日本政府认为 21 世纪植物工厂有助于解决粮食问题、环境问题,并且考虑到对宇宙开发等问题的重要性,于 2009 年 4 月出台一系列财政扶持政策,无论是企业还是个人,建造植物工厂都一视同仁地补助 50% 资金。当年,日本政府对农林水产省植物工厂建设补助 96 亿日元,对经济产业省植物工厂建设补助 50 亿日元,总计投资 146 亿日元。2010 年又追加了植物工厂建设的补助 10.4 亿日元,总计 156.4 亿日元。2011 年大地震后,日本政府对植物工厂的财政补贴 50%、地方政府补贴 7%,生产者的建设成本只有 43%。由于政府的重视、财政扶持,2009 年日本建立了 49 家植物工厂,成为当时植物工厂数量最多的国家。

2012 年 3 月 23 日,由韩国政府农村振兴厅投资的,在京畿道水源市国立农业科学院建立的 400 m² 的 4 层高楼式植物工厂正式开业。而对于民间投资建立的植物工厂的用电费用,韩国政府的补贴占九成[29]。

美国植物工厂在 20 世纪 90 年代快速发展,这与政府的支持是分不开的。美国在亚利桑那州图森市郊建起了"生物圈二号"植物工厂,总面积为 12000 m²,"生物圈二号"的单位面积植物产量是正常土地的 16 倍[30]。

我国政府对农业的发展也是很重视的。连续 11 年的中央一号文件都是农业发展问题,已把农业的发展上升到国家发展战略的重中之重的位置,2012 年的中央一号文件特别强调农业结构调整和农业科技创新。《国家中长期科学和技术发展规划纲要(2006～2020 年)》把农业作为国家重点领域和优先发展的对象,提出要积极发展工厂化农业,提高农业劳动生产率,重点研究农业环境调控、高产、高效的栽培设施技术等,加快农业信息技术集成应用。但是,对植物工厂这个农业新兴产业领域的支持力度还存在以下问题。

(一) 没有把植物工厂的发展列为专项扶持内容

植物工厂是一种资金密集型的产业,建设前期需要大量资金投入,需要各级政府的财政支持。欧美发达国家的农业补贴占植物工厂资金投入的 40%,日、韩等国的农业补贴占 60%。而我国的农业补贴只有 4%,并且各地区补助标准差异较大。尤其在设施建设上,北京地区每建 1 hm² 地日光温室,政府补助 120 万元,而安徽宣城 3.33 hm² 以下的温室没有任何补助。各国植物工厂的发展经验都说明了政府支持的重要性。政府应设立植物工厂专项补贴资金,以促进植物工厂快速发展,保障我国粮食和食品的安全与有效供给。

(二) 没有建立植物工厂的专业研发机构

植物工厂是技术密集型产业,科技创新是动力和核心竞争力。新产品、新材料、新工艺、新装备的开发,都必须依赖科技创新体系和研发机构。因为植物工厂的技术是集成技术,需要多学科技术的交叉、多种人才的集聚,这一切都必须有赖于创新体系和研发体系的机构建设,没有相关科技的研发和创新,怎能抢占制高点?

(三) 没有建立有关植物工厂的行政管理机构

在植物工厂建设中,成本核算、技术认证、产品检测、信息交流、专利申请都离不开政府的引导、管理与监督,有赖于行政管理机制的协调。为此,我们应该学习和借鉴国外植物工厂的发展经验,制定一系列适合我国国情的国家政策支持体系和行政管理机制、体系。

需根据实际情况制定经济扶持政策,对植物工厂建设的企业或个人(龙头企业、个体业者)按规模造价的比例给予经济补贴,一视同仁。

需建立国家级、地方级或企业等植物工厂的多层级科学研发机构,从事科技创新,并对相关科技创新成果包括新材料、新产品、新装备、新工艺以及专利获得者都要给予一定的奖励和激励。

需建立有关植物工厂的管理体制,负责植物工厂的成本核算、技术评审和认证、信息交流、专利申请、政策落实等相关方面的引导、管理和监督,为植物工厂保驾护航。

四、人才培养问题

在农业现代化中,农业是本体,农民是主体,农村是载体。现代农业只要求实现"本体"的现代化,这是不完整的现代化,"主体"和"载体"如果不能同时实现现代化,"本体"农业就无法实现现代化[31]。

现代经济是知识经济,植物工厂是一种知识型农业、高端农业。作为农业主体的农民,知识和科技素质必须得到提升。

信息时代的到来,经济发展战略环境发生了重大变化,国际竞争转为包括经济发展和科技在内的综合国力竞争,人才的发展在这个竞争中具有战略性、决定性意义。发展现代化,首先是人的现代化,劳动生产率的提高已经由依靠劳动强度的提高向依靠技术转变,劳动者素质和技能不断提高,劳动手段不断改进。发展教育是人才发展战略的重要支柱,提高全民素质是人才发展战略的关键。

我国人口众多,吃饭问题、健康问题是最基本也是最根本的问题。第二次全国农业普查显示,全国农业从业人员中 50 岁以上的占 32.5%。而据媒体报道,中西部一些地区 80% 的农民都是 50~70 岁的中老年人。更有专家指出,我国农业劳动力中初中及以下文化程度者所占比重竟高达 95%。农村劳动力的短缺,是一种结构性失衡。农业人口老龄化、农业劳动者素质下降,对农业发展来说,都可能是致命的问题。而这些不仅关乎农民、农村、农业的发展,更关乎国家的经济稳定、长治久安和可持续发展。

植物工厂的出现,是解决我国这个最基本问题的最重要的途径。由于植物工厂是设施农业的最高阶段,科技含量高,需要大量有知识、有技术、懂经营的新型农业技术人才。植物工厂新型农业技术人才的培养,是我国农业发展最关键、最紧迫的问题。

我们应该发挥各大院校,包括职业院校人才培养主渠道的支柱作用,面向社会、面向未来,开设智能农业专业课程,促进人才向智能化方向发展,坚持人才全球化、人才市场化观念,培养高素质的农业应用人才、创新创业型人才。人才培养是回报率最高的投资。

有经济和技术条件的企业,尤其是已建有植物工厂实习基地的企业,国家应该采用阳光政策扶持这些企业,企业负责免费对农民进行植物工厂的技术培训,使从事农业的人员看得见、学得到、用得上、得实惠。

坚持从实践中选拔人才的正确方向。目前,我国植物工厂现阶段的设计者、建设者、管理者有很大一部分并非来自高学历者,而是来自农业第一线的低学历甚至无学历的农科、农事从业者。然而他们中的有些人已获得植物工厂设施建设的某些方面的专利,有些人已写出相关高水准论文,甚至出版植物工厂方面的科学著作,他们使用、掌握并创新了在国际上具有竞争力的技术。他们已成为我国植物工厂建设的一支主力军。为此,政府在发展植物工厂产业中进行人才培养与制定激励政策时,不能唯学历,不能完全向上看、向外看,这样既不公平又有害。应该要有自信,在向上看向外看的同时,也要向下看、向周围看,注重实践和实际技能,可在植物工厂实践中发现技术人才、领军型人才和创新型人才(无论是否有学历),树立正确的人才观,唯能是用,唯贤是用,改革旧的人才评价机制、技术评价机制。应根据实际情况,重实践、重效果,经考核认可后,都应给予相应的技术职称和与之相适应的待遇,为人才辈出创造大环境。

总之,政府要利用一切资源,整合一切要素,为我国植物工厂的发展培养实用型、领军型、创新型、创业型的科技人才队伍。

五、农业经营主体问题

我国农村主要实行土地承包经营,组织状况碎片化,比较分散。绝大多数农民还是采用传统农耕方式,劳动效率低下。在农村推广普及植物工厂技术,虽然是大势所趋但条件又不允许。单户农民进行植物工厂生产,无论从经济、精力上都存在困难,必须走"农户+农户"路线,农民们自愿组成实体才能进行,依靠整体的力量延长植物工厂产业链、价值链,发挥植物工厂的多种功能,把植物工厂效益最大化,才能创造植物工厂更高的劳动生产率,才能让农民得到更多、更大的实惠,才能在市场上更具竞争力,才能更好地维护农民自己的利益。让农民以种植大户、专业合作社、家庭农场等各种经营或组织形式真正组织起来,成为新农村的经营主体,这是不可代替的,是我国国情决定的,也是由中国特色社会主义道路决定的。在农村,政府不是农业经营主体,企业也不是农业经营主体,只有农民家庭中的农民种植大户、多个家庭共同组成的合作社、以家庭为主体的家庭农场以及农民家庭联户才是农村中农业经营主体。在各种社会组织中,只有家庭能够做到在劳动分配中执行力最强、劳动最尽责、监督成本最低,也只有家庭能够做到在劳动成果和利润分配过程中矛盾最小,离心力最小。家庭是无与伦比的最佳利益共同体,只有家庭才能实现农业效益的最大化[32]。

六、技术引进问题

现在荷兰、美国、日本植物工厂的技术和装备纷纷抢滩中国市场,这并不能说明中国植物工厂的技术落后。我国自主创新的圆柱形、多面体立体栽培装置,相比于荷兰、日本的平面多层立体栽培装置,具有极大的技术优势、空间优势、成本优势,并由此产生更高的产量优势和质量优势。全球最大的 2300 m² 的日本 LED 植物工厂,高度达到 15 层,也就是说面积比平面扩大了 15 倍。我国 2 m 高的圆柱体栽培柱的表面积是平面的 27 倍,3 m 高的圆柱体是平面的 42 倍。我国自主创新的雾培技术,比国外的营养液水培技术更先进:营养液栽培技术只能对植物进行水、肥同补,雾培技术对植物进行水、肥、气同补,植物生长更快。而且,在节约方面,营养液水培技术的肥耕利用率达到 70%～75%,雾培技术的肥料利用率达到 98%以上,水的使用量只是营养液水培的 1/10,水的利用率达到 100%。只有雾培技术才能真正实现零排放、零污染。

中国植物工厂的技术优势还表现在物理农业技术、鸟巢式球形温室设施技术等多个方面。我国植物工厂建设成本每平方米仅在 1000 元以内,国外成本却达数千元甚至数万元。令人费解的是,目前我国 80%以上的植物工厂(尤其是政府主导的)都是巨资引进的平面多层立体营养液栽培植物工厂。我们在引进植物工厂技术和装备的同时,一定要学习国外先进技术和引进先进装备,而不能盲目认为只要是国外的就是好的。"爬行是永远站不起来的。"我们在这方面的教训是沉痛的、深刻的。引进、创新、再创新,实现植物工厂技术国产化,是我们共同追求的目标。

推动植物工厂健康发展,不仅可为现代农业创造新的模式,为工业创造新的平台,也可创造新的商业模式,创造新的就业机会。现在,全球经济不景气,城乡差距拉大,财富两极化分配,安全食品供应不足与全球暖化,此时植物工厂在东亚形成热潮具有重要意义。

在十八大的报告中,提到三农问题是重中之重,三农问题的解决,必须依靠改革来推动,改革是深层次的,没有农村的政治改革是不彻底的。而改革的根本在于必须推翻压在农民头上的药价、教价、房价三座"大山"。农村改革的力量来自农村内部的自主力量。把自主权还给农民(有利于调动农民积极性),把选择权还给农民(自由选择),把选举权还给农民(自下而上的选举才有民心凝聚力),把自治权还给农民(农民组织处理农村事务),把金融权还给农民(农村资金不再流出),把为民做主变为由民做主;农村改革的目的就是激发农村活力,挖掘农村潜力,尊重农民创新力,把农民致富、农业发展、农村繁荣、环境生态、人居环境和文化传承融为一体。

植物工厂产业的发展已经向我们展示了现代农业的美好前景,指明现代农业的发展方向,得到社会的广泛认同。植物工厂一旦普及,农民、农村、农业、农事也就失去原来的含义,赋予新的内涵;农业变为食品生产的工业,农村变为食品厂聚集区,农民变成植物工厂的工人,农事变为休闲;生产更加轻松,生态回归自然,生活更加幸福。但是,植物工厂的普及,有待于人们思维观念的转变,有待于植物工厂技术不断完善和创新,有待于植物工厂效益实现真正意义上的提高。

植物工厂的生命力完全在于产品的高产量、高品质和创造的高效益。植物工厂虽然已在世界上少数国家中处于发展阶段,但其生产的产品成本相对太高。植物工厂的生产成本提高了产品的成本,同时,相应地提高了消费者的购买成本。

我国植物工厂建设状态不平衡,有的地方处于实验研究阶段,有的地方处于示范应用阶段,有的地方已处于产业化的推广、普及的发展阶段。植物工厂的建设单位都是科研单位、龙头企业、农业科技观光园、示范园等由政府项目支撑而建起来的。虽然与国际上其他国家植物工厂的成本相比要低一些,但与其他设施农业生产的产品成本相比还是高些。植物工厂的建设和生产成本是植物工厂普及的瓶颈问题、关键问题。降低植物工厂的建设和生产成本是植物工厂技术普及的前提。

第二节　问题解决办法与思路

降低植物工厂的建设和生产成本,是解决植物工厂普及的重要途径。

一、降低植物工厂建设和生产成本的原则

(1) 降低成本并不是降低植物工厂的要求和功能,只有完善和提高这些功能,

才能提高设施的利用率、产出率,以降低成本。

(2)降低成本不能降低植物工厂的产量和品质,只有提高产量和品质,才能更好地降低成本,更有效的降低成本。高产量、高品质是植物工厂的特征和标志。

(3)降低成本不能降低植物工厂的科技含量,不能浪费资源,只有不断提高科技含量,循环利用一切资源、能源,才能真正降低成本、可持续生产。

(4)降低成本要和国家产业政策接轨,不能违背国家低碳、生态的相关法律/法规和政策。提高效率、降低成本不能以牺牲环境和高耗能为代价。

二、降低植物工厂成本的途径和方法

(一)植物工厂类型的选择

植物工厂的类型可分为多种,选择何种类型对降低植物工厂的建设成本和生产成本关系极大。

人工光型或全封闭式植物工厂的光照全靠人工补光,加上全封闭式的建设,相对于太阳光型半封闭式的植物工厂其建设和生产成本会高很多,经科学测试高达20%～40%,这是因为太阳光型的植物工厂是以免费的、取之不竭的太阳光为光照,这可大大降低用电量,从而降低成本。日本等国大多采用LED人工光型和闭锁式类型的植物工厂,这是日本植物工厂成本居高不下的原因之一。我们应该尽量选择太阳光型植物工厂。

(二)能源的选择

植物工厂的能源的费用要占一定比例。为了降低能源成本,植物工厂的建设一直在不断创新。初期人们烧煤向植物工厂供暖,接着用油代替煤,然后又用液化气代替油,从人工、设备、生态多方面考虑都在逐步降低成本,若使用风能、生物能成本将进一步下降。近几年人们又采用地源热泵技术,利用地下能源,只用很少的电保持泵的正常工作,就能得到满意的、廉价的能源,相比较而言,利用地源热泵技术来解决植物工厂的能源和成本问题,是目前最好的选择。

(三)栽培技术和栽培形式的组合

栽培技术和栽培形式的选择与降低植物工厂的建设和生产成本密切相关。

从目前植物工厂采用的栽培技术来看,主要有基质栽培、水培(营养液培)和雾培等几种,相比较而言,雾培技术是成本最低的技术。这是因为:① 雾培技术是一种节水技术,雾培技术的用水量是水培的1/3,是滴灌的1/2。② 雾培技术是节肥技术。基质培肥料利用率为30%左右,水培肥料利用率为50%左右,而雾培对肥的利用率达到95%以上。③ 雾培技术是一项节能技术,在冬季加温时,要使基质温度、水的温度提高,成本相对高得多,而雾培植物的根是裸露的,只需把空气的温度提高就行了,这样大大节约了能源。

植物工厂的栽培形式分为平面栽培和立体栽培两种,两者的成本相比,立体栽培的耗能比平面栽培耗能降低很多。

在植物工厂中,采用雾培技术和立体栽培形式是降低成本的措施之一。

(四) 肥的选择

肥料是植物的粮食,肥料的开支是植物生长过程中的一个重要开支。无论使用哪种肥料,唯使用生物肥料是最佳的,其成本最低,这是因为利用垃圾和废弃物进行生物处理,沼气可以用来照明,沼液可以做营养液,沼渣可以做基质肥,这样使成本大大降低。这是植物工厂肥的使用方向。

(五) 物理农业技术(驱虫灭菌)的选择

传统的驱虫灭菌都采用农药等化学品,在植物工厂中固然可以使用生态型菊酯类低毒型农药灭菌,但与物理农业技术驱虫灭菌的效果和成本相比,在植物工厂中使用物理农业技术驱虫灭菌效果更好,成本更低。

(六) 智能化管理的选择

在植物工厂中使用传感器代替人工收集各种信息,用计算机专植物家系统代替人工对植物工厂进行管理,用物联网技术代替人力做远程营销、远程管理,效果极为明显,成本更为降低。

随着科学技术的发展,新材料、新装备、新工艺的出现,植物工厂的建设和生产成本必将大大降低,成本的降低相应地提高了效益,植物工厂的示范效果更加突显,那时植物工厂技术的普及时机就自然到来了。

第十二章 植物工厂的发展及未来展望

植物工厂反映出一个地区或一个国家农业发展的水平,是设施农业的终极形式,是 21 世纪农业发展的方向,是新兴产业。现在我国已掀起了植物工厂热潮。

第一节 植物工厂的先进性

植物工厂与传统农业相比,具有不可比拟的优势,是对传统农业的颠覆。植物工厂的先进性主要体现在以下几个方面:

(1) 植物工厂采用高密度立体栽培形式,大大提高了空间利用率,提高了产量。立体栽培柱直径 1 m,高 2~4 m,所占平面 0.78 m²,传统露天只能栽 20 株菜,而高为 2 m 的栽培柱可栽 540 株,是平面栽培的 27 倍;高为 3 m 的栽培柱可以栽 810 株,约是平面栽培的 40 倍。另外,传统露天栽培每年只能收获 2~3 茬,而植物工厂中每年可生产 10 茬,复种指数是露天栽培的 3~5 倍。一般来讲,植物工厂的年产量可达 600~900 t/hm²,是传统露天栽培的数十倍至上百倍。

(2) 植物工厂采用水资源循环利用系统,节约了资源;用水量是露天栽培的 1/30,肥利用率是露天栽培的 2~3 倍。零污染、零排放,既降低了成本,又生态环保,实现了资源节约型生产。

(3) 植物工厂采用物理农业技术,实现无农药生产、安全生产、洁净化生产,提高了植物的品质,实现了产品安全、低碳、生态化生产。

植物工厂利用电、声、气、光、磁、核等物理元素,对植物物理因子产生调控作用,既起了驱虫灭菌作用,又能促进植物生长。利用磁化水浸种催芽,紫外线和臭氧杀菌器灭菌,电功能水和高压静电灭菌促生,水帘和加湿器降温,LED 补光照明,矿物质育苗,等离子除味灭菌,膜滤净水,声波促长,还利用温、光、湿、气传感器,EC 值和 pH 值检测等物理农业技术。强调技术、设备和植物高度相关,杜绝了化学农药、化肥、除草剂、抗生素的应用,创造了植物生长的最佳环境,为植物高品质奠定了基础,为产业可持续发展创新了模式,并营造了安全、低碳、生态的环境,为人们生产出没有化学污染的绿色甚至是有机健康食品。

（4）植物工厂实现了周年生产，颠覆了传统农业的模式。植物工厂的建设，使植物生产不受季节、气候和环境影响，从而能进行不间断的生产，颠覆了千百年来"面朝黄土背朝天"的耕作方式，并创新了现代农业生产"环境设施化、形式立体化、流程自动化、资源节能化、管理智能化、技术集成化"的模式，真正实现了高产、优质、高效、生态、安全和可持续发展的目标。

（5）植物工厂实现了多技术的集成。植物工厂使用播种、育苗、移栽、施肥、灌溉等生物农业技术；使用补光、温控、二氧化碳增补、声频促生、灭菌、磁化等物理农业技术；使用营养液配方、循环利用技术；使用栽培柱制作、雾化器材安装的立体栽培技术；使用信息传感、物联网、计算机专家等智能技术，形成植物工厂多技术的集成。正因为这些高新技术的集成与运用，从而实现企业的远程化、视频化、透明化、网络化生产、管理、监督和营销的多重目标。但是，在植物工厂发展过程中还将面临很多新的课题。

第二节　大数据与现代农业关系密切

鉴于农业生产是以自然资源为基础的生命体的培养，所以从最初产品生产的角度，其依托自然资源按生物规律进行生产的过程不会改变，互联网在这个阶段的作用可体现在生产过程的远程监控、产品质量的追溯、结合智能设备对生长环境进行预警调控，以及有效整合生产资源等。其为生产提供服务支撑的作用很明显。

在农产品的消费、物料供应和市场方面，互联网就有了用武之地，甚至可以成为主角。电商通过互联网平台销售，正成为一种新的生活方式。平台的确可适应消费需求，优化物流资源配置，提高市场流通效率。这在农消对接方面也是极好的尝试。多研究下游市场流通领域与互联网的融合正当其时。

设想大数据在推动现代农业发展方面的用武之地体现在：

（1）从采样到海量，从局部到全部，帮助我们了解中国农业的真实数据、农业的真实性。

（2）追溯、监控、远程控制农业的生产过程（华为等公司可提供相应的技术和设备，远程监控温室内的生产过程和生态环境），主要功能有农业物联网、智能灌溉、测土配方施肥、有效测产、灾害预报预警等。

（3）通过远程管理提高运营管理和生产的效率。

（4）有助于农业生产的精准化、区域化、规模化、标准化、工厂化，特别是标准化的农业种养方式（绿色有机农业等因从业者的增多和设备的智能化管理能力提升可进一步扩大规模）。

（5）可借助大数据了解农业生产、农产品销售、消费的真相，及时对农产品的生产过程和生产布局进行预警调控，避免蔬果等的周期性波动，避免一哄而上和一哄而下，避免从业者特别是农户的血本无归。

（6）创新农产品流通、销售、消费、交易的渠道、平台和商业模式。

（7）有效地整合和分配各种资源。

（8）了解消费者的动向和喜好，挖掘新的商业机会等。

第三节　植物工厂发展中面临的新课题

我国植物工厂还处于实验研究和示范应用并存的阶段，各项技术还有待于完善和提高，很多器材、装备、设施有待于改进，智能技术还有待于整合。提高资源利用率是农业研究的核心任务，植物工厂发展将面临更多的新课题，主要表现在以下几个方面。

1. 设施器材装备方面

（1）需要隔热性更好、更廉价的遮阳材料。

（2）需要开发光滤性、光透性、吸热性、耐候性、滴流性、防雾防尘性、反射性兼驱虫性更好的覆盖材料。

（3）需要开发多种离子传感器，使营养液配方更科学。

（4）需要开发更多的光、电、磁、声、核物理农业装置，促进植物更快的生长。

2. 品种方面

需要开发更多的高抗、高产、高效、多功能的能在植物工厂里生长的植物新品种。

3. 信息方面

需要开发出在农业上应用范围更广、功能更全、使用方便的计算机植物专家系统和农业物联网技术。

4. 其他方面

（1）要探索植物工厂产前、产中和产后的关系。建立与之相匹配的制种与供种、收获和包装、物流与市场、生产与观光的协调体系。

（2）要在探索、总结、创新的基础上，建立以植物工厂实践为基础的理论体系、技术标准体系、产品标准体系、生产操作体系、质量执行与监督体系、对外交流和多学科协作机制体系。

（3）要与时俱进地建立技术培训体系、产业推广体系、政策引导体系、技术支撑体系、市场开拓体系、器材和技术研发体系。

（4）需要建立与时俱进的植物工厂技术评价和认证体系。这一点非常重要。原先的食品认证，尤其是有机食品认证都是以土地生产的食品为对象，目前国内还没有对植物工厂无土栽培食品认证的企业或部门。尽管有机沼液和矿物质肥料能够生产出经检测达到有机标准要求的食品，也不能得到认证，这一点严重地制约了以植物工厂为标志的现代农业的发展。

在植物工厂发展的过程中，我们会遇到很多新情况、新问题、新课题，在做好思想准备的同时，更要充满信心，办法总比困难多。只要我们怀着积极的心态，坚持不断创新，资源是有限的，创新是无限的，任何困难都将会被克服，任何新课题都有求解之道，植物工厂产业一定会不断地向前发展！

第四节　植物工厂的发展现状

2012 年 5 月 15 日，世界自然基金会（WWF）发布了《地球生命力报告 2012》，该报告指出：“当前我们的生活方式过程消耗大量自然资源，如不改变这一趋势，到 2030 年即使 2 个地球也不能满足人类的需求。人类只有一个地球，我们需要更好的选择——保护自然资源，提高生产效率和转变消费模式。”[30]联合国粮食及农业组织直接指出：“植物工厂是 21 世纪世界农业发展的方向。”

植物工厂是人类发展的必然选择，植物工厂是世界农业发展的方向。植物工厂已被越来越多的人认识、认可和向往，并日益显示出强大的生命力。

在世界经济尚未完全恢复的今天，各国都在加大经济结构调整的力度，加大科技投入，意图借助科技的手段来摆脱经济不景气的颓势；在农业上，对植物工厂建设的热情不但不减，反而更加重视。

一、韩国的植物工厂发展

韩国特别制定了《环境农业发展法》等法律，制定了“以工补农”的政策，每年以 14.5% 的增速加大农业的投入，在全罗北道兴建农业生命科学研究园区，集聚了包括 830 多名博士在内的高级人才，从事农业基础和农业尖端技术开发。尤其把植物工厂建设和发展列为七大农业前沿技术开发之首。根据韩国经济部披露：最近将利用 LED 人工太阳能，投入 30 亿韩元，建设 495 m² 的示范性植物工厂（先前，韩国已采用中国技术建起了鸟巢式植物工厂）。

二、荷兰的植物工厂发展

荷兰农业资源有限,政府提出了"温室村"概念,即利用资源循环概念建立农业温室,建筑面积为 11 亿 m²,占全世界温室面积的 1/4。荷兰政府把植物工厂作为发展目标之一,把工业技术植入农业生产中,利用植物工厂主要发展蔬菜和花卉。对建造植物工厂的企业实行 60% 补贴,整合育种、繁殖、生产、包装、出口、批发、零售商,构成组织坚实的价值链体系,集合价值链各阶段最优势的资源,利用植物工厂等设施,进行蔬菜、花卉的集约化、规模化、专业化生产,为全球消费者提供优质服务。从而使荷兰每年生产蔬菜收入 35 亿欧元、花卉收入 45 亿欧元,是世界上设施园艺产品出口量最大的国家。荷兰植物工厂的机械化、自动化、智能化、无人化程度高,太阳光型植物工厂技术全球领先,荷兰现已把太阳光型植物工厂的全套技术和设备作为强项产业,向中东、非洲、中国等出口。

三、日本的植物工厂发展

日本认为植物工厂是解决土地、人口、粮食、食品安全、能源、农业人员老年化、气候、环境和可持续发展等问题的根本途径,是"活化地域的起爆剂",为地域生产发展、技术聚集、人员就业、生态环境、经济繁荣带来变化,是"中间产业"[33]。植物工厂不仅能带动农业,而且还能带动工业、健康产业、信息产业等农工商多业的发展。所以,日本政府对植物工厂的发展非常重视。政府对建设植物工厂的企业和个人的直接补贴达 50% 以上,从而促进了植物工厂的快速发展。2012 年 6 月,日本植物工厂已经建起 130 多家,截至 2014 年 8 月,日本植物工厂已发展到 304 家[34],植物工厂数量为世界之最。专家预计:2025 年,日本植物工厂的规模将达到 1500 亿日元。

(1) 日本植物工厂发展经历了从人工气候模拟环境到计算机控制转变的过程,从少量品种到多品种栽培转变的过程,从基质栽培向水耕、雾耕转变的过程,从平面栽培向平面多层立体栽培转变的过程,从日光灯向使用 LED 光转变的过程(日本建起了全球最大的 2300 m² 的 LED 人工光植物工厂),从人工作业到机器人作业转变的过程。现阶段,由于制造业的优势,日本人工光型植物工厂技术已全球领先,装备先进、技术配套、智能化和自动化程度高。日本植物工厂已完全处于商业化、产业化发展的阶段。

(2) 日本非常重视开展植物工厂方面的广泛交流,专门成立植物工厂协会,每年举行一次植物工厂国际会议,并邀请中国、韩国、荷兰等多个国家和地区的专家代表参加,相互交流经验、信息,共同推动植物工厂产业的发展。

（3）日本非常重视植物工厂的设施、器材、设备和材料的开发。

① 日本开发的植物工厂专用的营养液:园试配方、木村配方、山崎配方被世界上多家植物工厂采用。

② 日本植物工厂普遍采用先进的二极管 LED 照明补光,有的已经使用更先进的激光 LD 照明补光。根据国际光电领域专业杂志刊载,日本九州大学有机光电研究中心的安达千波教授领导的研究小组开发出发光率达 86% 的有机发光新材料,其重要特征是不使用贵金属铱;这种新型材料的问世,将使新一代低工耗的 LED 照明设备的开发备受期待。

③ 为了降低人工成本,日本很多植物工厂已开始使用机器人系列作业,包括播种、移栽、嫁接、喷药、收获、包装、移植等多种机器人,大大提高了作业效率和作业精度(播种机器人可以做到精密播种、精量播种),机器人操作的环境适应性更强,可以实现无人化作业。

（4）由于世界经济发展缓慢,日本工业衰退,农业政策便逐渐向提高产业的国际竞争力的方向转变。植物工厂作为其有效方法之一而受到关注。日本植物工厂现已呈现两大趋势:① 多功能趋势。日本大阪府立大学植物工厂研究中心主任安保正一教授于 2014 年 9 月宣布利用植物工厂制造氢气。关键技术是光催化剂。安保教授长年从事光化学研究,他所在的该校研究生院工学研究科物理化学研究组目前的主要研究方向就是光催化剂。研究的具体内容之一,是利用可见光响应型光催化剂生成氢气。方法是利用以阳光和灯光等可见光激活的二氧化钛(TiO_2)光催化剂来分解水,生成氢气和氧气。日本富士通公司宣布利用植物工厂生产低钾蔬菜,为肾病患者提供食材。东芝无尘植物工厂生产多酚等含量高的叶类蔬菜。② 技术出口趋势。中国等地也逐渐形成生吃蔬菜的习惯,对在无尘室培育的清洁、安全蔬菜可能产生巨大的需求。除此之外,有效利用宝贵水源的蔬菜生产在中东、全年稳定供应在俄罗斯等寒冷地区也将分别成为强有力的武器。日本三菱化学控股集团将与中国农业合作社组织携手在中国全境启动蔬菜栽培销售系统的建设,他们将合资成立无农药蔬菜自动栽培系统的销售公司。将在江苏省等 15 个省份的 50 个地点开始销售这一"植物工厂"[35]。日本植物工厂的技术和装备正在向中国、俄罗斯、韩国、波兰、中东等输出。

另外,日本、欧盟等也开发出不同类型植物的宇宙栽培实验装置,为未来人类建立"宇宙农场"提供技术储备和支撑。

四、美国的植物工厂发展

美国于 1977 年在纽约建立米勒基因组培植物工厂,专业从事植物繁殖,服务于 36 个国家的 970 家批发性的园艺公司。从 1987 年起,亚利桑那州图森市以北的沙漠中建设了一座人工全封闭式的生态循环系统——生物圈二号(图 12.1),总投资 1.5 亿美元,历时 8 年。该系统是世界上规模最大的超大型植物工厂,占地 1.3 万平方米,大约有 8 层楼高,是圆顶形密封钢架结构的玻璃建筑物。"生物圈二号"被用于测试人类是否能在以及如何在一个封闭的生物圈中生活和工作,也探索了在未来的太空殖民中封闭生态系统可能的用途。"生物圈二号"使得人们能在不伤害地球的前提下,对生物圈进行研究与控制。

图 12.1　美国的"生物圈二号"

"生物圈二号"内部装有连接 5000 只各种传感器的计算机神经系统。通过摄像、电话、电视与圈外进行数据交换,和人进行面对面交流。

"生物圈二号"对圈内的大气和废物循环利用进行食物生产的科学研究,它的意义在于作为首例永久性生物再生式生保系统地面模拟装置,并有可能用于人类未来的地外星球定居和宇宙载人探险。

"生物圈二号"以其设计独特、工程浩大和生态学研究的理想场所而著名。除此之外,NASA 还研究在宇宙航天器中利用有机物与气体交换的装置进行农产品生产,并且取得进展。

美国现已开发出新型自旋极化有机发光二极管(OLED)技术,这种新技术与普通的二极管 LED 相比,具有更多优点。

有机发光二极管技术是指有机材料在电场作用下发光的技术。它具有主动发光、无需背光源、色彩鲜艳、功耗低等特点,有效提高发光率,降低制造成本,有望代替目前植物工厂普遍使用的高成本补光灯 LED。

据国外媒体报道,美国科学家发明了一种塑料灯泡,这种灯泡可以发出非常接近自然光的光线,而且伸展性好、不怕摔,目前第一批塑料灯泡已经进入市场。

美国维克森林大学的科学家们研制出一种全新的塑料灯泡。该产品拥有

LED 灯的所有优点,更让人感到惊讶的是,这种塑料灯泡没有 LED 的任何缺点。有报道称这种塑料灯泡有望取代 LED 成为新型光源。当电流经过这种新型灯泡的特制塑料层时就会发出光线,这种塑料层是利用纳米技术研制而成的。研发团队表示,这种新型的塑料灯泡具有非常好的伸展性,可以设计成各种形状,比如现在常用的灯棍状,使用者不用担心这种灯泡会被摔碎,而且使用时也不会产生任何的杂音。这种新型灯泡暂时被简称为 FIPEL。发明者大卫·卡罗尔(David Carroll)博士表示,这种新型的灯泡可以完胜 LED 灯,但是现在这种塑料灯泡还不是特别完美,当电流过大时塑料就可能熔化,这也就意味着这款塑料的亮度还是受限制的。FIPEL 发出的光线跟自然光非常接近,但和 LED 灯发出的蓝色光线差别很大。或许会有人担心塑料灯泡的使用寿命问题。卡罗尔博士表示,他的实验室里面的塑料灯泡模型的使用时间已经接近 10 年了[36]。

现今美国温室面积 1.9 万 km^2,温室设施材料大多为双层充气膜、阳光板和玻璃,温控/环控设备全球领先。全球消费电子、家用电器、照明知名企业飞利浦(Philips)宣布与美国芝加哥农业企业(Green Sense Farms,GSF)实现战略合作,将针对特定作物使用 LED 生长光源打造室内植物工厂,而这座植物工厂预计将成为全球最大的植物工厂之一。这座植物工厂将采用飞利浦 LED"光配方"(Light Recipes),优化产量后,此一创新的农场模式估计能让芝加哥农企业一年内进行高达 20~25 次的采收,并节省了 85% 的能源。此一结果将显著提升作物产量,降低营运成本,同时能在一年中不间断地为消费者提供所在地种植的新鲜蔬菜。芝加哥农业正在使用的垂直水培技术与飞利浦 LED 生长光源,为当地带来了独一无二的优势,能够常年持续生产优质的农作物。据了解,芝加哥当地的农企业已经投资了数百万美元,对其 28000 m^2 以上的室内种植空间进行改造与设备更新。该公司将在 2 个环境控制生长室内配备 14 个高度为 7.62 m 的种植塔,并采用飞利浦节能的 LED 照明解决方案来种植特定作物。这种方法也杜绝了有毒的农药、化学肥料与防腐剂的使用,使得产量得到提高,而且几乎没有化学添加剂。与飞利浦进行联合研发,借由不断创新与精进室内作物生长体系的 LED 照明,让作物充分享受光合作用,并透过永续的方式种植美味可口、营养丰富的蔬菜,同时最大限度地减少能源的使用[37]。

五、我国植物工厂发展现状

这两年,我国植物工厂的水准已大大提升[38],主要体现在以下多个方面。

1. 政府越来越重视

我国政府提出"四化同步""工业反哺农业",连续多年把农业列为"重中之重",不断加大对农业的投入,尤其对高科技农业加大投入和扶持,并在 2013 年正式把植物工厂列入国家"863"科技发展计划。

2. 应用范围越来越广

由于植物工厂技术不断完善和提高,微型化迷你型植物工厂已应用于人们生活的各种环境,咖啡馆植物工厂、酒店植物工厂、办公室植物工厂、居室植物工厂、厨房植物工厂实现了蔬菜从生产到舌尖零距离,微型植物工厂无处不在。

3. 投资规模越来越大

植物工厂吸引着大量社会资金和财团的关注。

(1) 恒大集团准备投资超过 1000 亿元打造中国民族品牌,现已投资近 70 亿元建设和并购了 22 个生产基地,以此提升中国农业产业竞争力和盈利水平,开创全球产业新格局。

(2) 2014 年 6 月 28 日,由嘉兴农投、中国台湾源鲜农业、北京娃哈哈餐饮三方合资组建的植物工厂项目——嘉兴市源璟农业生态技术研发有限公司作为浙商创业创新的代表在嘉兴市第一届浙(禾)商大会开幕式签约仪式上签约。该项目将全面启动。

(3) 2014 年 10 月 22 日,中国科学院植物研究所和福建三安集团有限公司在植物所签署合作协议,共建植物工厂。中国科学院植物所所长方精云表示,与三安集团的合作是植物所落实"率先行动"计划的重要举措之一。此次合作以研发带动基础研究,希望促进我国植物工厂建设和相关基础研究的创新发展。截至目前,我国已建植物工厂达 80 多家。据日本株式会社专家预计:中国植物工厂未来有望达到日本 10 倍以上的规模。

4. 科技含量越来越高

我国植物工厂栽培技术由基质培、营养液栽培逐渐向雾培转变,平面多层立体栽培向圆柱体、多面体立体栽培转变,液肥向矿物质肥和光碳核肥转变,温室控制向远程控制转变,单向的技术和装备引进向引进和输出双向转变,实验示范阶段向商业化产业化阶段转变。

5. 人才培训期数越来越多

中国农业科学院不仅对内加强植物工厂人才培训,而且对国外人才也进行多期培训,中国台湾大学植物工厂技术研习班也举办了 5 期,丽水市农林科学研究院的植物工厂人才培训班已举行了近百期。我国植物工厂人才培训为植物工厂的大发展积累了大量人才。

六、我国植物工厂发展需要关注的几个问题

由于我国植物工厂发展较晚,而且发展速度非常快,存在着以下几个需要关注的问题。

（1）技术专利化、专利标准化、标准国际化，是目前跨国公司的战略性经营方式。抢占技术标准的制定权，是国家间竞争的关键。我国植物工厂企业应该把我们自主创新的技术申请专利，并申报企业、地方、行业、国家甚至是国际标准。国家相关质量技术监督部门应转变观念、与时俱进、密切配合，共同抢占植物工厂的技术制高点。

（2）我国自主创新的圆柱形、多面体立体栽培装置，相比于荷兰、日本的平面多层立体栽培装置，具有极大的技术优势、空间优势、成本优势，并由此产生更高的产量优势和质量优势。我国自主创新的雾培技术比国外的营养液水培技术更先进：营养液水培技术只能对植物进行水、肥同补，雾培技术对植物进行水、肥、气同补，植物生长更快；而且在节约方面，营养液水培技术肥的利用率达到 70%～75%，雾培技术肥的利用率达到 98% 以上，水的使用量只是营养液水培的 1/10，水的利用率达到 100%。雾培技术真正实现零排放、零污染。

中国植物工厂的技术优势还表现在物理农业技术、鸟巢式球形温室设施技术等多个方面。我国植物工厂建设成本每平方米仅在 1000 元以内，国外成本却达数千元甚至数万元。令人费解的是我国目前 80% 以上的植物工厂（尤其是政府主导的）都是巨资引进的平面多层立体营养液水培植物工厂。我们在引进植物工厂技术和装备的同时一定要力求实现国产化。

（3）植物工厂是高科技农业、现代农业的标志，是 21 世纪世界农业发展的方向，这是不争的共识。但现在有极少数企业，不是把植物工厂用于生产，而是以高科技项目为名，作为套取国家项目资金的手段和伎俩，一旦项目资金到手，立马撤除，又换所谓"新"项目，这样恶性循环，浪费了国家大量支农资金而一事无成。我们建设植物工厂的目的是发展生产，生产离不开政府支持，但决不能浪费，应加强监管。

（4）我国植物工厂产业起步较晚，相应的促进机制、研发机制尚未健全和完善，但近两年发展较快，到目前为止我国已建植物工厂 100 多家。各项配套工作正在进行，可喜的是我国也已开发出多种计算机植物专家系统、多种传感器，实现国产化。一些植物工厂设施、设备、器材已获得多项专利，有关植物工厂工作标准体系正在制定。参与国际交流的频率正在加快，物联网等一些高新技术在植物工厂得到广泛应用，尤其是鸟巢式植物工厂设施技术，已先后被波兰、韩国、俄罗斯引进，并建起了鸟巢式植物工厂，我国植物工厂圆柱形立体栽培装置也被国外植物工厂专家看好。植物工厂专著也出现在书店超市。这一切显示了植物工厂产业在我国发展条件逐渐成熟，已成为我国现代化农业发展的必然趋势。

目前，植物工厂热点研究领域包括：沼液与营养液转化技术、人工光环境调控和耦合技术、光独立植物组织培养技术、闭锁型育苗生产系统、营养液精准管理和控制技术、系统控制和智能化管理技术、网络（互联网、物联网）与植物工厂一体化结合技术等多个方面。

党的十八大召开以后,更多、更好的农业利好政策已经出台。2013 年 4 月,国家首次把智能植物工厂技术列入"863 计划",智能化植物工厂生产技术研究已正式启动。这将更快地推动现代农业和现代科技的发展,对现代农业、科技农业的研究扶持力度将进一步加大,将催生更多的植物工厂产生。根据科技部农村司公示的十二五农业和村镇建设领域科技计划 2013 年预备项目评审结果,有关植物工厂方面的研究项目列表如表 12.1 所示。

表 12.1　2013 年植物工厂预备项目

序号	项目名称	申报单位	推荐单位	主持人
1	植物工厂营养液管理与蔬菜品质调控技术装备研制	西北农林科技大学	教育部	胡笑涛
2	基于网络管理的植物工厂智能控制关键技术研究	北京农业信息技术研究中心	国家农业信息化工程技术研究中心	薛绪掌
3	植物工厂 LED 节能光源及光环境智能控制技术	中国农业科学院农业环境与可持续发展研究所	农业部	刘文科
4	智能化植物工厂技术集成	浙江大学	浙江省科学技术厅	周伟军
5	工厂化立体化高效蔬菜生产技术体系与装备研究	西藏自治区农牧科学院	西藏自治区科学技术厅	李宝海
6	基于光温耦合的植物工厂节能环境控制技术	东营泰克拓普光电科技有限公司	山东省科学技术厅	刘晓英
7	植物工厂立体多层栽培系统及其关键技术与装备研究	北京市农业机械研究所	北京市科学技术委员会	张晓文
8	智能植物工厂技术集成	上海都市绿色工程有限公司	国家设施农业工程技术研究中心	余纪柱
9	智能农业装备目标识别、定位与控制技术	石河子大学	新疆生产建设兵团科学技术局	刘琨
10	作物生长过程数字化与可视化技术	西北农林科技大学	陕西省科学技术厅	何东健
11	作物生长过程数字化与可视化技术	中国农业科学院农业信息研究所	农业部	诸叶平
12	作物生长过程中数字化与可视化平台关键技术研究	中国科学院合肥物质科学研究院	中国科学院	曾新华

续表

序号	项目名称	申报单位	推荐单位	主持人
13	智能农业装备目标识别、定位控制技术	上海交通大学	上海市科学技术委员会	金惠良
14	设施园艺肥水一体化装置研制与产业化示范	上海茵能节能环保科技有限公司	上海市科学技术委员会	陈礼斌
15	温室作物生长过程数字化可视化技术装备研究	上海同济大学	教育部	徐立鸿
16	高效低耗节水灌溉应用技术模式及装置	中国水利水电科学研究院	水利部	王建东

"十三五"规划出台后,各项利好使我国植物工厂正处于雨后春笋般大发展阶段、创新创制阶段、颠覆性技术突破阶段。世界植物工厂正以每年 20~25 km² 的速度增长着。仅 LED 一个方面,根据 Winter Green 报道,全球植物工厂 LED 灯的年复合成长率为 27%。

七、未来的植物工厂具有的特征

(1) 未来植物工厂、生物技术取得重大突破,将使用来自经过农业生物基因图谱研究、基因改良,经过蛋白质组学、植物遗传学等多种科技途径培养出高产、高抗、高质的植物新品种。

(2) 未来植物工厂将采用植物组织培养、开放式组培、纳米复制、3D 打印、植物快繁等新技术,实现工厂化育苗的场所。

(3) 未来植物工厂将是多种设施类型、多种栽培技术、多种栽培形式、多种功能共存的生产系统。

(4) 在未来植物工厂中,立体栽培是主要的栽培形式。植物工厂将使用超高产、超优质、超快速、超级发展的生态高效复合系统。

(5) 未来植物工厂是有机食品进行工厂化安全生产、健康生产、绿色生产、有机生产的场所。

(6) 未来植物工厂将普遍采用核能、地热、光能、风能、潮汐能、氢能源、可再生能源、生物能源、分散式能源等多种超低成本的绿色能源,把植物工厂电力成本降到最低。

(7) 未来植物工厂将是温室设施大型化、高大化、微型化,内部设施完善化、自动化,机电一体化,节能多元化,实用化的植物工厂。

(8) 未来植物工厂是现代农业 4.0 时代的标志,与大数据、云计算、大科学的联系更加密切,信息技术得到广泛应用,将呈现规模化、产业化、自动化、智能化、市场化、网络化趋势,农业信息化进程加快;将现有多种信息控制技术与现已取得突破或即将取得突破的海洋技术、航空航天技术、核技术、卫星遥感技术等高新技术集成应用,持续高效技术日益受到关注,未来的植物工厂将更加智能化、集成化、高端化、高效化、尖端化。

（9）未来植物工厂将是新能源、新技术、新材料、新品种、新装备的结合体,是真正的、多功能的、可持续生产的农业有机食品工厂。

（10）未来植物工厂必将促进农业与物流、网络、电子、旅游等多种产业一体化发展。

（11）未来植物工厂将是多种人才集聚、多种学科交叉、多种技术集成、多种资源整合的统一体。

（12）未来植物工厂将出现在边防哨所、戈壁沙漠、楼堂馆所、超市餐厅、乡野都市、水上陆地、太空洋底。只要有人的地方,植物工厂就都能存在。

植物工厂的目标是使农业走向低成本化、节能化、高效化、数字化、网络化、规模化、生态化、高新技术国产化[39]。

现实是不可回避的。我国农业劳动生产力水平低下、现代化程度不高、食品安全事故频发、生态环境遭到破坏、农民收入偏低、粮食安全问题突显,存在着小生产与大市场、生产与生态、资源浪费与循环利用等矛盾。这就是我国农业的现状。而解决这些问题的唯一途径是农业现代化,必须依靠科学技术,科学技术是提高土地生产力、劳动生产力和解决食品安全等问题的根本途径。习近平总书记指出:"农业出路在现代化,农业现代化关键在科技进步。我们必须比以往任何时候都更加重视和依靠农业科技进步,走内涵式发展道路。"

农业现代化是主基调。大力推进农业现代化进程,加快转变农业发展方式,走产出高效、产品安全、资源节约、环境友好的农业现代化道路,提高粮食生产效率、品质和产量是当务之急。李克强在谈到"协调推动经济稳增长和结构优化"时强调,要加快推进农业现代化,坚持"三农"重中之重地位不动摇,加快转变农业发展方式,让农业更强、农民更富、农村更美。植物工厂将迎来大发展的最佳机遇期。

当前,国际竞争焦点日益从经济社会转向科技前沿,科技创新成为经济社会发展的主要驱动力,从根本上改变着全球竞争格局。坚持科学发展观,建设创新型国家,是国家发展的重大战略,是一个庞大的系统工程。植物工厂应形成研发、生产、市场一体化的体系,加速创新发展。植物工厂是一个终极目标,而不是中间过程。植物工厂是一个不断创新、不断完善、不断发展的过程,永无止境。一个国家的科技竞争力决定其在国际竞争中的地位和前途。我国已进入必须更加依靠科技进步来促进现代农业发展的历史新阶段。

当前,世界农业科技正在孕育新的革命性突破[40],生物技术、信息技术、物联网技术、大数据、云计算、核技术、航空航天技术迅猛发展,带动并加快了农业科技创新进程,科技创新时代已经到来,新科技革命和产业变革对科技发展带来了新的机遇和挑战。新科技革命和全球产业变革步伐加快,科学研究、技术创新、产业发展一体化趋势更加明显。全球科技创新日益呈现出开放性和系统性的新特点,更加强调创新要素的流动与创新资源的集成配置。协同创新、开放式创新等新型创新方式已成为当今科技创新活动的主要发展方向[41],以科技创新为核心的国际竞争更加激烈,科研体制与创新模式加速变革,抢抓机遇让千人创业、万人创新蔚然成风,以植物工厂为标志的农业 4.0 时代已来临。

　　胸怀伟大梦想,创新智能技术,发展智能农业,建设智能中国。

附录1　植物工厂塔式立体栽培设施制作标准

前　　言

为了植物工厂建设的需要,规范植物工厂塔式立体栽培设施制作,因目前尚未有国家和行业此类技术标准,根据《中华人民共和国标准化法》等相关法律法规的要求,特制定《南京市植物工厂塔式立体栽培设施制作地方标准》。在本标准制定过程中,参照了国家相关标准和相关文件技术资料。

本标准按《GB/T 1.1—2009 标准化工作导则　第一部分:标准的结构和编写》的规定编写。

本标准符合《GB/T 19630.1—2005 有机产品　第一部分:生产》规定。

本标准由江宁区质量监督局提出。

本标准起草单位:江宁区台湾农民创业园管委会。

本标准主要起草人:余锡寿。

本标准首次发布日期:2012 年 10 月 30 日。

植物工厂塔式立体栽培设施制作标准

1. 范围

本标准规定了植物工厂塔式立体栽培设施制作的材料,材料的要求,材料制作,制作流程、组装,设施技术评价等方面内容。

本标准规定了塔式立体栽培设施所用的栽培技术及其介绍。

2. 规范性文件引用

本标准中的条款通过引用而成为本标准的条款。凡注明日期的引用文件,其随后所有的修改单(不包括勘误内容)或修订版均不适用于本标准。然而,鼓励根据本标准达成协议的各方面研究是否适用这些文件的最新版本,凡不注明日期的引用文件,以其最新版本适用于本标准。

GB/T 50184—2011:金属管按此标准执行。

GB/T 20467—2006:海绵按此标准执行。

GB/T 10002.1—2006:PVC 给水管按此标准执行。

3. 术语和定义

下列术语和定义适用于本标准。

3.1 金属管架

是由金属管焊接起来的塔式栽培架。

3.2 栽培板

指用于栽培植物的泡沫板。

3.3 营养池

指为植物供给储存营养成分的池。

3.4 PVC 管

指为植物供应营养液的管道。

3.5 雾化喷头

把营养液雾化的喷头。

4. 塔式栽培设施制作的材料和要求

4.1 金属塔式栽培架

用不锈钢方管焊接的,高 2 m,底宽 1.6 m 的三角形塔形架。

4.2 泡沫栽培板

泡沫栽培板必须是原材料(而不是再生材料)生产的,宽度为 60 cm,厚度为 3～5 cm,长度为 1.8～2 m 的硬质泡沫或挤塑板。

4.3 营养池

营养池可以是食用性塑料桶或砖和水泥砌成的,具体参数应根据实际情况确定。大小应根据每亩面积应配 6 t 水容积的营养池来确定。

4.4 PVC 管

必须是无毒副作用的管,参数应根据情况具体确定,压力应在 16 MPa 左右。

4.5 雾化喷头

一般采用十字雾化喷头为宜,雾粒在 50 目左右。

4.6 定植

是把植物固定在栽培板生长的过程。

5. 塔式立体栽培设施的制作及流程

5.1 金属支架的制作

金属架下料、焊接呈三角形,高 1.8 m,底宽 1.5 m,底内角 45°,三角的中间部分金属管使两条边相连接。焊两个这样的三脚架后,用金属管(长度根据实际情况确定)使两个三脚架的各两边相连,中间的部分和顶部都连成整体的三角支架。

5.2 栽培板的制作流程

在栽培板上按 4 cm×4 cm 打孔(孔直径为 2.5~3 cm)。

5.3 给水管的安装

在金属支架的顶部和腰部分别安装 PVC 给水管(ø2.5 cm),用扎带分别固定在三脚架的顶部和两边腰部。

5.4 微喷头安装

分别在金属支架的 PVC 给水管上每隔 80 cm 的距离安装微喷头。

5.5 立体塔式栽培设施整体安装

把栽培金属支架移至在营养池内,把泡沫栽培板分别靠在金属支架的两边,并固定在支架上,最后用泡沫板把支架的两端密封起来。一个塔式立体栽培系统制作完毕。

6. 塔式立体栽培设施使用的栽培技术

6.1 栽培设施使用的技术

塔式立体栽培设施使用的是雾培技术。

6.2 雾培技术

是使营养液通过十字雾化喷头转化成雾,向植物的根部提供养分和水分的技术。

6.3 雾培技术的特点

对植物进行水、肥、气同补。

7. 塔式立体栽培设施制作技术的评价与验收

当把塔式立体栽培设施中的给水管与植物工厂中的供水系统连接后,启动水泵工作,营养液可直达给水管上的微喷头系统进行弥雾,要求:① 雾粒为 50 目左右;② 弥雾没有死角(喷头没有堵塞现象)。达到以上两点要求就证明塔式立体栽培设施制作技术实验成功,可正式运行。

附录 2　植物工厂速生叶菜雾培技术规程

前　　言

　　为了规范植物工厂的生产行为，进行速生叶菜雾培技术生产，由于目前尚没有国家或行业植物工厂速生叶菜雾培技术标准，根据《中华人民共和国标准化法》等相关法律法规的要求，特制定《南京市植物工厂速生叶菜雾培技术规程》，在本规程制定过程中，参照了国家相关标准和相关文件技术资料。

　　本规程按《GB/T 1.1—2009 标准化工作导则　第一部分：标准的结构和编写》的规定编写。

　　本标准由江宁区质量监督局提出。

　　本标准起草单位：江宁区台湾农民创业园管委会。

　　本标准主要起草人：余锡寿。

　　本标准首次发布日期：2013 年 1 月 1 日。

植物工厂速生叶菜雾培技术规程

1. 范围

本规程规定了植物工厂速生叶菜雾培技术的术语和定义、产地环境、生产设施、栽培方式、技术操作过程及采收。

本规程适用于南京市植物工厂速生叶菜雾培技术生产操作。

2. 规范性引用文件

本规程中的条款通过引用而成为本规程的条款。凡注明日期的引用文件,仅所注明日期的版本适应于本文件。凡不注明日期的引用文件,其最新版本(包括所有修改单)适用本文件。

本标准符合《GB 16715.3—2005 有机产品 第一部分:生产》的规定。

3. 术语和定义

3.1 本文件术语和定义的界定

GB/T 19630.1—2005 界定的术语和定义适用于本文件。

3.2 植物工厂

是通过知识、资金、技术密集型投入,采用集成技术系统,创建植物最佳生长环境,创新植物生产模式,达到提高植物产量、品质、效益、安全并可持续发展的农业生产体系。

3.3 雾培

使植物的根部裸露在营养液雾化环境中进行快速生长的一种栽培技术。

3.4 栽培柱

一种由多种材料制作并作为植物栽培载体的主体柱式系统雾培装置。

3.5 营养液

使用多种矿物质元素,并按一定比例配制的水溶性肥(或有机肥的沼液和水配制而成的植物液肥)。

4. 产地环境要求

应符合 GB/T 19630.1—2005 中 4.1.2 的要求。

5. 植物工厂设施

5.1 温室的形式

温室应符合南京市农委规定的 8332 钢架大棚的要求,温室为封闭式或半封闭式。

5.2 器材和设备

栽培植物器材和设备应符合 GB/T 19630 第二部分要求。

6. 生产操作过程

6.1 选地

6.1.1 植物工厂内育苗池。

6.1.2 育苗池中是有机基质。

6.2 选种

选择抗性较强的、适合本地生长的速生叶菜有机种子,如上海青、苏州青、木耳菜、矮脚黄、大速生、奶油生菜等。

6.3 播种

6.3.1 播种时间。

根据南京地区市场需求和各叶菜品种特点、长年均可播种。

6.3.2 播种方法。

采用撒播方法播种,播种前一天基质要浇透水,播种要均匀;播种后,用弥雾的方式保持种子和基质适当的湿度。

6.3.3 播种量和要求。

播种量为 $11.25 \sim 22.5 \text{ kg/hm}^2$,播种后中半粒或大粒种子要覆盖,微粒种子不覆盖或微覆盖。

6.4 苗期管理

种子播下后萌芽前,每天保持智能弥雾,根据气温智能调节,当芽出后应重新设置弥雾时间,减少弥雾次数。直至移栽前 $2 \sim 3$ d 停止弥雾,进行炼苗。

6.5 移栽与定植

6.5.1 当苗出现 $4 \sim 5$ 片真叶时即可移栽定植。

6.5.2 移栽前应洗净苗的根部所有附着物,实现裸苗移栽定植。

6.5.3 幼苗洗净后,用海绵块把根盘包附。

6.5.4 把包附海绵块的苗定植在栽培柱的定植管内(或定植泡沫板上)。距离为 $20 \text{ cm} \times 20 \text{ cm}$ 或 $15 \text{ cm} \times 20 \text{ cm}$。

6.5.5 在移苗和定植过程中,勿伤及苗的根、茎、叶,力求完整。

7. 栽培管理技术选择

7.1 栽培技术选择

立体栽培技术。

7.2 灌溉、施肥技术选择

雾培技术——水、肥、气同补。

7.3 管理技术选择

计算机植物专家系统。

7.4 监督技术选择

物联网。

7.5 植保技术选择

7.5.1 防虫网。

7.5.2 紫外线灭菌。

7.5.3 臭氧灭菌。

7.5.4 电功能水灭菌。

7.5.5 磁化水灭菌。

7.5.6 高压静电场灭菌。

7.6 肥料选择

7.6.1 沼液。

7.6.2 沤液。

7.6.3 饼液。

7.6.4 矿物质元素水溶液。

8. 检测

8.1 检测仪器选择

8.1.1 互利安 Specta AA220、吉天 9130、Agilent(6890 GC、7890 GC、6410 GC)。

8.1.2 温度传感器。

8.1.2.1 环境温度传感器。

8.1.2.2 根部温度传感器。

8.1.2.3 叶片温度传感器。

8.1.3 光照传感器。

8.1.4 湿度传感器。

8.1.5 营养浓度传感器。

8.1.6 电导率仪。

8.1.7 pH 值传感器。

8.2 检测依据

标准 NY/T 654—2002。

8.3 检测方法

8.3.1 感官检测。

8.3.1.1 按 GB/T 8855 的规定,随机抽检 2~3 kg,用目测进行品种特征、色泽、清洁、腐烂、冻害、畸形、抽薹、病虫害及机械损害等项目检测。病虫害症状不明显而怀疑有的,用刀切开检测,异味用嗅的方法检测。

8.3.1.2 用台秤称量每个商品的质量,按下述方法计算整齐度:样品的平均质量乘以(1±8%)。

8.3.2 维生素 C 的检测。

按 GB/T 6195 的规定执行。

8.3.3 卫生指标检测。

重金属残留按 NY 227 规定执行。农药残留按 GB/T 5009.120、GB/T 5009.110、GB/T 5009.105、GB/T 5009.188 执行。微生物含量按 GB/T 4789.3—2008

执行。

9. 品质要求

9.1 感官要求

应符合附表 2.1 的规定(依据 GB/T 8855)。

附表 2.1　感官要求指标

品质	规格	限度
成熟度、色泽新鲜、正常、表面洁净、无腐烂、畸形、异味、病虫害、机械损害	同规格产品整齐度≥90%	不符合品质要求的样品:总不合格率≥5%

注:腐烂、异味、病虫害为主要缺陷。

9.2 营养指标

应符合附表 2.2 的规定。

附表 2.2　营养指标

品名	维生素 C 含量(mg/g)	总糖含量(mg/g)	粗纤维含量(mg/g)
速生叶菜	≥20	≥2.0	≤1.0

9.3 重金属残留

应符合附表 2.3 要求(依据 NY/T 227)。

附表 2.3　重金属残留指标

序号	项目名称	指标(mg/kg)
1	砷(以 As 计)	≤0.02
2	汞(以 Hg 计)	≤0.001
3	铅(以 Pb 计)	≤0.02
4	镉(以 Cd 计)	≤0.05
5	氟(以 F 计)	≤0.2

9.4 农药残留

应符合附表 2.4 要求(依据 GB/T 5009.120、GB/T 5009.110、GB/T 5009.105)。

附表 2.4　农药残留指标

序号	项目名称	指标(mg/kg)
1	乙酰甲胺磷	≤0.02
2	乐果	≤0.5
3	杀螟硫磷	≤0.2
4	敌敌畏	≤0.1
5	马拉硫磷	不得检出
6	毒死蜱	≤0.05
7	敌百虫(美曲膦酯)	≤0.1
8	喹硫磷	≤0.1
9	氯氰菊酯	≤0.1
10	溴氰菊酯	≤0.5
11	抗生素	不得检出

9.5 微生物检测

应符合 GB/T 4789.3—2008 要求。

10. 采收

植物工厂不间断周年生产,可根据客户需求及时采收。

附录 3 植物工厂有机番茄质量标准

前　　言

　　为了规范植物工厂生产行为,生产有机番茄,由于目前没有国家或行业植物工厂有机番茄质量标准,根据《中华人民共和国标准化法》等相关法律法规的要求,特制定《南京市植物工厂有机番茄质量标准》。在本标准制定过程中,参照了国家相关标准和相关文件技术资料。

　　本标准按《GB/T 1.1—2009 标准化工作导则　第一部分:标准的结构和编写》的规定编写。

　　本标准符合《GB/T 19630.1—2005 有机产品　第一部分:生产》规定。

　　本标准由江宁区质量监督局提出。

　　本标准起草单位:江宁区台湾农民创业园管委会。

　　本标准主要起草人:余锡寿。

　　本标准首次发布日期:2012 年 7 月 30 日。

植物工厂有机番茄质量标准

1. 范围

本标准规定了植物工厂有机番茄生产通用规范和要求：生产设施、栽培方式、栽培技术、灌溉施肥、病虫防治、生产管理、操作过程等技术要求。

本标准规定了有机番茄引种育苗、移栽定植、质量要求、实验方法等技术要求。

本标准适用于南京市范围内植物工厂有机番茄的种植、采收全过程。

2. 规范性文件引用

本标准中的条款通过引用而成为本标准的条款。凡注明日期的引用文件，仅注明日期的版本适用于本标准。凡不注明日期的引用文件，其最新版本（包括所有的修改单）适用于本标准。

GB/T 5009.11：食品中总砷的测定方法。

GB/T 5009.12：食品中铅的测定方法。

GB/T 5009.14：食品中锌的测定方法。

GB/T 5009.15：食品中镉的测定方法。

GB/T 5009.17：食品中总汞的测定方法。

GB/T 5009.18：食品中氟的测定方法。

GB/T 5009.20：食品中有机磷农药残留量的测定方法。

GB/T 5009.38：蔬菜、水果卫生标准分析方法。

GB/T 5009.188：蔬菜、水果中甲基托布津、多菌灵的测定方法。

　　　　　　　　水果、蔬菜可溶性糖测定方法。

GB/T 14878：食品中百菌清的测定方法。

GB/T 17331：食品中有机磷和氨基甲酸酯类农药多种残留的测定。

3. 术语的定义

下列术语的定义适用于本标准。

3.1 雾培

一种使植物的根部裸露在营养液雾化的环境中进行快速生长的栽培技术。

3.2 植物工厂

是通过对植物进行知识、技术、资金密集型投入，采用集成技术系统，创建植物生长最佳环境，创新植物生产模式来达到提高植物产量、品质、效益，安全并可持续发展的农业生产体系。

3.3 栽培柱

一种由多种材料制作并作为植物栽培载体的立体柱式系统栽培装置（番茄树

栽培柱高 1 m)。

3.4 有机番茄

符合有机生产体系要求,通过科学检测达到有机食品标准(GB/T 19630.1—2005)的番茄。

3.5 营养液

使用多种矿物质元素,并按一定比例配制的水溶性物质肥料与水溶在一起的植物营养液体(或有机肥的沼液和水配制而成的植物营养液体)。

4. 基本要求

4.1 产地环境

应符合 GB/T 19630.1—2005 中 4.1.2 要求。

4.2 设施

4.2.1 温室应符合南京市农业委员会规定的 8332 钢架大棚的要求。形式为封闭式或半封闭式。

4.2.2 所有器材、设备都应符合 GB/T 19630 第二部分的要求。

4.3 种子

使用的种子应符合 GB/T 19630.1—2005 中 4.1.2 要求。

4.4 灌溉施肥

实行水、肥、气一体化同补,智能弥雾。

4.5 番茄网

番茄网应距番茄树栽培柱 1 m,网间距离为 40 cm×40 cm,如果不是番茄树,网与地面距离应为 2 m。

4.6 选种

应选择抗病性强、优质、高产的有机新品种,应符合 GB 16715.3—2010 中大田用种要求。

4.7 育苗池

池宽 1 m(净空),高 30 cm,长根据实际情况而定,池上应装微喷系统和补光灯,池内应以珍珠岩和有机肥为基质(5∶5),池内应有排水孔。

4.8 播种期

4.8.1 全年均可播,但要安排好茬口。

4.8.2 播种量:每公顷可栽 150 万株苗左右,播种量为 4 g/m²。

4.8.3 苗期管理:种子播下后,在未出芽前,每天弥雾 10 次左右,高温即增加 2~4 次,每次弥雾时间 1 h,芽出后逐渐减少弥雾次数,当苗移栽后后 2~3 d 即停止弥雾。

4.9 移栽与定植

4.9.1 当苗出现 4~5 片真叶时即可移栽。

4.9.2 移栽时应洗净根部所有附着物,实现裸移栽。

4.9.3 苗洗净根部后,应用海绵包附。

4.9.4 把包附的幼苗定植在栽培装置(栽培柱或栽培板)上,距离为 50 cm×50 cm,番茄树为一柱一株。

4.9.5 在移苗到定植过程中,匆伤及苗的根、茎、叶,力求完整。

4.9.6 病虫防治:病虫防治采用综合物理技术防治(紫外线、臭氧、静电、磁化等),杜绝使用化学农药。

4.9.7 管理符合 GB/T 19630.1—2005 中 4.1.2 要求。植物工厂环境的管理,主要是指环境温度、环境湿度、叶片温度、根部温度、液池温度、光照度、二氧化碳浓度、营养液浓度、酸碱度等环境因子,都是通过各种传感器把各种信息反馈到计算机植物专家系统,实现智能管理的。

4.9.8 植物生物方面的管理,由于植物工厂中番茄是放任生长的,不需要进行人工整枝、疏果等工作管理。

4.9.9 肥料选择:使用沼液、饼液、沤液、矿物质水溶液,符合 GB/T 19630.1—2005 中 4.1.2 要求。

4.10 技术选择

有机蔬菜立体基质培、水培、雾培等栽培技术和综合集成技术。

4.11 监督选择

接受专门机构监督,社会通过物联网进行远程化、视频化、网络化共同监督。

5. 品质要求

5.1 感官要求

应符合附表 3.1 的规定(依据 GB/T 8855)。

附表 3.1 感官要求指标

品 质	规 格	限 度
1. 成熟度、色泽新鲜、正常、表面洁净	同规格的产品其整齐度应 ≥90%	每批样品中不符合品质要求的样品,按质量计总不合格率不应超过 5%
2. 无腐烂、畸形、异味、病虫害和机械损害		

注:腐烂、异味、病虫害为主要缺陷。

5.2 营养指标

应符合附表 3.2(依据 NY/T 654—2002)。

附表 3.2　营养指标

品名	维生素 C 含量(mg/g)	总糖含量(mg/g)	粗纤维含量(mg/g)
番茄	≥20	≥4.0	≤1.0

5.3 安全指标

应符合附表 3.3。

附表 3.3　安全指标

序　号	项目名称	指标(mg/kg)
1	砷(以 As 计)	≤0.02
2	汞(以 Hg 计)	≤0.001
3	铅(以 Pb 计)	≤0.02
4	镉(以 Cd 计)	≤0.05
5	氟(以 F 计)	≤0.2
6	乙酰甲胺磷	≤0.02
7	乐果	≤0.2
8	杀螟硫磷	≤0.1
9	敌敌畏	≤0.01
10	马拉硫磷	不得检出
11	毒死蜱	≤0.02
12	敌百虫(美曲膦酯)	≤0.04
13	喹硫磷	≤0.01
14	氯氰菊酯	≤0.02
15	溴氰菊酯	≤0.02
16	抗生素	不得检出
17	大肠菌群	按 GB/T 4789.3—2008 执行
18	基因	非转基因
19	多菌灵	按 GB/T 5009—188 规定执行
20	白菌清	按 GB/T 5009—105 规定执行
21	亚硝酸盐	按 GB/T 1540 规定执行

6. 实验方法

6.1 感官要求检测

6.1.1 按 GB/T 8855 的规定,随机抽样 2～3 kg,用目测法进行品种特征、色泽、清洁、腐烂、冻害、畸形、抽薹、病虫害及机械损害等项目检测。病虫害症状不明显而有怀疑的，就用刀切开检测，异味用嗅的方法检测。

6.1.2 用台秤称量每个样品的质量，按下述方法计算整齐度：样品的平均质量乘以(1±8%)。

6.2 维生素 C 的检测

按 GB/T 6195 的规定执行。

6.3 卫生标准的检测

重金属残留按 NY 227 规定执行。农药残留按 GB/T 5009.120、GB/T 5009.110、GB/T 5009.105、GB/T 5009.188 执行。微生物含量按按 GB/T 4789.3—2008 执行。

南京江宁台湾农民创业园生产的速生叶菜经国家农业委员会检测中心检测，达到有机蔬菜标准，检验报告如附图 3.1 所示。

农业部农产品质量安全监督检验测试中心（南京）

检　验　报　告

№：(2012)委字农产品类 065 号　　　　共 2 页第 1 页

产品名称	青菜	型号规格	—
		商　标	台创
委托单位	南京江宁台湾农民创业园发展有限公司	检验类别	委托检验
生产单位	南京江宁台湾农民创业园发展有限公司	样品等级、状态	新　鲜
采集地点	台创园智能化植物工厂	到样日期	2012-03-05
样品数量	3 kg	送 样 者	王宏山
抽样基数	—	原编号或生产日期	—
检验依据	NY/T 654-2002	检测项目	见第 2 页
所用主要仪器	瓦利安 SpectAA220，吉天 9130，Agilent（6890GC、7890GC、6410LC）	实验环境条件	符合检测要求
检验结论	根据 NY/T 654-2002 标准，所测项目全部合格，符合有机食品要求。 （检验报告专用章） 签发日期　年　3 月　日		
备注	—		

批准：　　　审核：　　　制表：

附图 3.1　检验报告

参 考 文 献

[1] 杨其长,张成波.植物工厂概论[M].北京:中国农业科学技术出版社,2005.

[2] 徐伟忠.蔬菜工厂芽苗菜智能化栽培技术[M].北京:台海出版社,2006.

[3] 余锡寿,刘跃萍.植物工厂栽培技术的发展及其展望[J].农业展望,2013,9
(7):57-60.

[4] 余锡寿,刘跃萍.植物工厂集成技术与综合效益分析[J].农业展望,2013,9
(12):56-59.

[5] 王炽,沈路涛.为防沙治沙立法迫在眉睫[N/OL].(2001-2-27).http://
www.people.com.cn/GB/huanbao/55/20010227/403998.html.

[6] 联合国称全球每年有1200万公顷耕地沙化[N/OL].(2011-12-18).http://
news.xinhuanet.com/world/2011-12/18/c_111253544.htm.

[7] 全国政协十一届五次会议[N/OL].(2013-3-13).http://www.cppcc.gov.
cn/zxww/shiyijiewuci/sy/index.shtml.

[8] 中华人民共和国国家统计局.2010年第六次全国人口普查主要数据公报(第
1号)[EB/OL].(2011-4-28).http://politics.people.com.cn/GB/1026/
14506836.html.

[9] 刁怀宏.农业高新技术:中国未来农业持续发展的技术支撑[J].农业现代化
研究,2001,22(5):263-266.

[10] 工业和信息化部.农药工业十二五发展规划[R].2012.

[11] 韩乐悟.我国20年农药年施用量增百万吨:生产方式需反思[N/OL].(2011-
05-27).http://www.chinanews.com/cj/2001/05-27/3070963.shtml.

[12] 杨明森.我国农药使用量是世界平均水平的2.5倍[N/OL].(2014-01-23).
http://sannong.cntv.cn/20140123/101430.shtml.

[13] 联合国粮食及农业组织,经济合作与发展组织.2012～2021年农业展望
[R].2012.

[14] 宇星.代表委员谈村庄空心化人口老龄化:未来中国谁来种地[N/OL].
(2013-03-12).http://www.china.com.cn/news/2013lianghui/2013-03/
12/content_28212829.htm.

[15] 中国科学院可持续发展战略研究组.2010中国可持续发展战略报告[M].

北京：科学出版社,2010.

[16]　蒋建科. 数字植物工厂正向我们走来[N/OL]. (2010-02-23). http://scitech. people. com. cn/GB/11005927. html.

[17]　经济日报. 我国牛羊肉消费量很大[EB/OL]. [2018-05-31]. http://finance. sina. com. cn/roll/2018-05-31/doc-ihcffhsw0959566. shtml.

[18]　山里的老人家 60. 集装箱式牧草工厂[EB/OL]. (2012-10-03)[2013-3-25]. http://wenku. baidu. com/view/9f6debc4d5bbfd0a795673b7. html.

[19]　中华人民共和国国家发展和改革委员会. 全国牛羊肉生产发展规划(2013—2020 年)[R]. 2013.

[20]　封立忠. 我国将推广蔬菜营养液栽培技术[J]. 北京农业,1994(2).

[21]　俞孔坚:中国的景观设计学必将是世界的景观设计学[N/OL]. (2006-10-09). http://www. landscape. cn/interview/953. html.

[22]　谢卫群. 把城市装扮成植物森林[N]. 人民日报,2010-06-09(5).

[23]　陈显玲. 上月球种菜?[N]. 南方都市报,2013-12-18(36).

[24]　胡笑涛,程智慧,苏苑君. 蔬菜品质形成与调控技术[C]//植物工厂及其发展战略学术研讨会论文集,2013.

[25]　王秉忱,田廷山,赵继昌,等. 我国地温资源开发与地源热泵技术应用、发展及存在问题[J]. 地热能,2009(1):23-27.

[26]　沈括. 梦溪笔谈[M]. 施适,点校. 上海:上海古籍出版社,2015.

[27]　于冰冰. 2010 中国十大技术进步之七:植物工厂[N/OL]. (2010-12-16). http://www. cnipr. com/news/gndt/201012/t20101216_124603. html.

[28]　刘文科,杨其长,崔瑾,等. 植物工厂专刊[J]. 科技导报,2014,32(10):20-56.

[29]　设施农业[EB/OL]. (2010-08-14). http://leyuan. qinbei. com/20100814/90116. shtml.

[30]　世界自然基金会,伦敦动物学学会,全球足迹网络. 地球生命力报告 2012[R]. 2012.

[31]　刘奇. 中国农业现代化进程中的十大困境[J]. 中国发展观察,2015(1):23-31.

[32]　王静慧. 我国农业发展趋势及投资机会[J]. 中国市场,2014(23):57-65.

[33]　藤堂安人. 日本能否把植物工厂做成出口产业[N/OL]. (2010-3-31). http://china. nikkeibp. com. cn/news/econ/50753-20100329. html? limit-start=0.

[34]　田泓. 植物工厂走俏日本[N/OL]. (2014-07-31). http://opinion. people. com. cn/n/2014/0731/c1003-25375870. html.

[35]　冯灵逸. 日本"植物工厂"将落地中国:15 个省 50 个地点销售[N/OL].

(2014-05-12). http://china. cankaoxiaoxi. com/2014/0512/387375. shtml.

[36] 塑料灯泡有望取代 LED 成为新型光源[N/OL]. (2013-04-07). http://news. jc001. cn/13/0407/721289. html.

[37] 刘建宏. 飞利浦与芝加哥农业企业结盟打造全球最大植物工厂[N/OL]. (2014-06-11). http://www. bnext. com. tw/article/view/id/32578.

[38] 科技部. 我国智能植物工厂生产技术与产品的国际竞争力全面提升[EB/OL]. (2014-10-13). http://www. most. gov. cn/kjbgz/201410/t20141013_116092. htm.

[39] 张志斌. 我国蔬菜设施栽培技术发展趋势与任务的探讨[C]. 全国现代设施园艺技术交流会,2008.

[40] 杰里米·里夫金. 第三次工业革命[M]. 张体伟,译. 北京:中信出版社,2012.

[41] 科技部、国家发展改革委关于印发"十二五"国家重大创新基地建设规划的通知[EB/OL]. (2013-03-11). http://www. most. gov. cn/tztg/201303/t20130311_100050. htm.

图1 南京江宁台湾农民创业园智能植物工厂(作者设计的1.2万平方米特大型植物工厂)

图2 浙江大学植物工厂

图 3　植物工厂中生长的番茄树

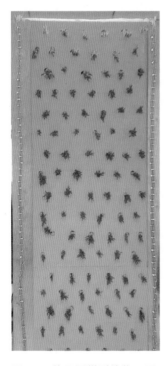

图4　一体两面微型植物工厂

图 5　植物工厂中的菜柱群

图 6 宣城市赐寿植物工厂有限公司
方柱式植物工厂智能装备

图 7 宣城市赐寿植物工厂有限公司
两面式栽培智能装备

图 8 复合式一体两面微型植物工厂

图 9 多面体植物工厂装备

图 10 方柱式栽培

图 11 方柱式植物工厂装备

图 12 植物工厂塔式雾培生菜

图 13　全球最大的 LED 植物工厂（2300 m^2）

图 14　两面式立体栽培

图 15　园柱式植物工厂